叶长青
人类学论著选译

〔澳大利亚〕叶长青◎著
申晓虎◎译

YECHANGQING
RENLEIXUE LUNZHU XUANYI

四川大学出版社

项目策划：陈克坚
责任编辑：陈克坚
责任校对：宋科颖
封面设计：墨创文化
责任印制：王 炜

图书在版编目（CIP）数据

叶长青人类学论著选译 ／（澳）叶长青著；申晓虎译．— 成都：四川大学出版社，2019.7
ISBN 978-7-5690-1786-1

Ⅰ．①叶… Ⅱ．①叶… ②申… Ⅲ．①人类学－中国－文集 Ⅳ．① Q98-53

中国版本图书馆 CIP 数据核字（2019）第 134801 号

书　名	叶长青人类学论著选译
著　者	［澳大利亚］叶长青
译　者	申晓虎
出　版	四川大学出版社
地　址	成都市一环路南一段24号（610065）
发　行	四川大学出版社
书　号	ISBN 978-7-5690-1786-1
印前制作	四川胜翔数码印务设计有限公司
印　刷	成都市金雅迪彩色印刷有限公司
成品尺寸	170mm×240mm
印　张	8.5
字　数	160千字
版　次	2019年8月第1版
印　次	2019年8月第1次印刷
定　价	36.00元

版权所有 ◆ 侵权必究

扫码加入读者圈

◆ 读者邮购本书，请与本社发行科联系。
电话：(028)85408408/(028)85401670/
(028)86408023　邮政编码：610065
◆ 本社图书如有印装质量问题，请寄回出版社调换。
◆ 网址：http://press.scu.edu.cn

四川大学出版社
微信公众号

前　言

20世纪初，澳大利亚人类学学者叶长青（J. H. Edgar）来到华西地区。他曾多次前往康定、理塘、巴塘等地考察，写下不少关于当地的研究报告，审视康藏地区的族群起源、历史、语言及文化等内容，对康藏的本土知识与外来知识进行了广泛的比较研究，分析不同文化间的影响，并进行大胆的推论。叶长青通过《华西边疆研究学会杂志》等英文刊物发表研究结果，向外部介绍康藏地区的情况，推动华西边疆研究的深入，为中国人类学"华西学派"的形成与发展做出了贡献。由于存在历史的局限性，尽管从今天人们的眼光来看，本书的部分内容陈旧欠妥，作者的一些观点也不准确，但其开创性与历史价值巨大，仍值得肯定。

本书选译叶长青早期研究的专著《边地游记》（The Marches of the Mantze）与他发表的数篇涉及康藏人类学的文章，希望从他者的视角，让读者了解当时康藏社会各个层面的情况，同时理解西南人类学从早期到中期发展变化的清晰脉络及华西学脉的历史传承。

翻译该书最大的困难是文中出现的英文地名。由于原文没有提供英文标注的地图，通过音译用英文来标注，且部分地名的发音为四川方言，译者只能将当时的中文地图和当代地图与原文进行比对，从而寻找地点，并标示为当时使用的中文名称。如旧版地图上没有的，就标注今名。同时，由于个别地点太小，如某村、某临时宿营地等，各类地图上均无标注，或因时过境迁，地名消失，文中均以音译加英文原文的形式加以保留。上述不便之处，敬请读者谅解。

申晓虎
2019年3月30日

目 录

第一章 边地游记 ……………………………………（ 1 ）
  第一节 康区的"乌拉" ………………………………（ 1 ）
  第二节 乘牛皮船出行 ………………………………（ 3 ）
  第三节 "莽荒边地" …………………………………（ 4 ）
  第四节 边地之行 ……………………………………（ 6 ）
  第五节 边地新时代 …………………………………（ 8 ）
  第六节 打箭炉 ………………………………………（ 12 ）
  第七节 巴塘，边地最西边的城镇 …………………（ 14 ）
  第八节 理塘，世上海拔最高的城市 ………………（ 16 ）
  第九节 前往长江源头或更西边 ……………………（ 20 ）
  第十节 理塘以南的地区 ……………………………（ 23 ）
  第十一节 涂禹山瓦寺土司之行 ……………………（ 24 ）
  第十二节 嘉戎地区 …………………………………（ 26 ）

第二章 乡城游记 ……………………………………（ 31 ）
  第一节 前往乡城 ……………………………………（ 31 ）
  第二节 乡城事件 ……………………………………（ 33 ）
  第三节 沿途所见 ……………………………………（ 37 ）

第三章 藏区地理控制对人的影响 …………………（ 41 ）
  第一节 土地 …………………………………………（ 42 ）
  第二节 等级制度 ……………………………………（ 44 ）
  第三节 习俗 …………………………………………（ 49 ）
  第四节 未来 …………………………………………（ 53 ）

第四章　文化研究 (56)
　第一节　金川的日月崇拜 (56)
　第二节　巴底巴旺的白石 (57)
　第三节　真言与苯教 (59)
　第四节　藏传佛教中可能存在的摩尼教因素 (60)
　第五节　苯教或黑教小记 (65)
　第六节　比较宗教学小记："替罪者" (65)
　第七节　丹巴的拜神节 (66)

第五章　人群与地理 (71)
　第一节　四川古代戎人及可能存在的后裔 (71)
　第二节　萨尔温江的俾格米人 (76)
　第三节　尼姑庵和尼众 (78)
　第四节　金川族群类别 (81)
　第五节　理番边地 (90)
　第六节　"雅拉"名考 (92)
　第七节　藏区的两条河流：鄂宜楚河和理楚河 (93)
　第八节　打箭炉地区山脉概述 (95)
　第九节　河口：雅拉的后门 (98)
　第十节　雅江竹筏 (102)

第六章　语言研究 (105)
　第一节　华西语言的变迁 (105)
　第二节　闪米特语和藏语的比较 (109)
　第三节　藏语音调系统 (110)

第七章　解读叶长青 (112)
　第一节　叶长青小传 (112)
　第二节　叶长青康藏人类学研究综述 (115)

主要参考文献 (126)

后　记 (127)

第一章 边地游记①

所谓"边地",即汉语语境中所指的川西和康区。现在人们对该地了解甚少,公开记载也不多见。进入20世纪以来,作为深入这一地区的人员之一,作者在那里居住多年。无论是对人类学家,还是对学习历史、地理的学生而言,那片迄今为止外界未知的土地都具有独特的吸引力。

早在1877年,康慕伦医生(Dr. Cameron)就曾前往该地。1888年冬,他携妻出游,同行的还有一位年长的蒙古人,曾是大名鼎鼎的M. 古伯察(M. Huc)的助手。三人在松潘短暂停留,于1897年将打箭炉设为边疆地区的考察点之一。从此,研究事业得以开展,其间曾因义和团运动中断。已在该地工作的人,和将来到这里工作的人,对本书的内容都知之甚少。一两位汉族同事已自愿在此工作,还需要来自家乡的被拣选的人士前来服务。

P. 杜明理(P. Turner)

于好伯利厅(Howbury Hall)

1908年4月6日

第一节 康区的"乌拉"

旅行者进入藏区后,便会慢慢地熟悉当地的"乌拉"制度(Ula)。这个词似乎源自蒙古语。众所周知在嘉戎地区,耶斯克(Jaschke)编的《藏英词典》中也能找到这个词,所以我们认为这个词在藏区应该很常见。

"乌拉"是指为贵族、官员及僧侣提供的人身差役。清政府为保证在藏区的权力,在各地派驻了大量官员。为了在藏民面前维持尊贵而体面的生活方式,他们不仅需要诸多仆从及士兵,而且需要大量的补给、武器和获取金

---

① 译者注:原书名 The Marches of the Mantze,由位于英国伦敦的中国内地会于1908年出版,译文节选其中部分章节。

钱、货物的运输通道。清政府派驻中国藏区的官员任期为三年，倘若公务出行费用由官方负担，那么这将成为一项庞大的公共开支项目。故此，必须求助于"乌拉"。获得道路附近一片土地租种权的当地人，将义务承担从某个驿站到下一个驿站的运输任务。"乌拉"的控制权掌握在当地土司手中，他们在干道沿线合适的地点建设驿站，为运输提供核定数量的车马。

一般而言，商人和外国人无权使用"乌拉"。若要使用，应和当地土司及寺院协商方可安排运输。结果总是不尽如人意，有例为证。一次，某人因需要求助时，当地土司告知旅行者无权使用"乌拉"，但可以帮他找路上用的牲口，前提是费用自付。这位"不懂行情"的旅行者信以为真，于是欣然接受，为通过土司管辖区付了钱。价格看上去倒也合理，临行前土司祝贺旅行者摆脱"乌拉"系统的困难，并为其安排一人带领出行队伍。旅行者很快就发现自己的钱跑进土司的腰包，而自己不得不完全依靠脾气暴躁的"乌拉"所有者。事先付过钱的旅行者理所当然地拒绝为一路上的花费买单。这样一来，他非但得到了最差的脚力牲口，而且本人因"吝啬"在当地人中声名狼藉。有时喇嘛介入，除非旅行者另外付钱，否则根本不提供牲口。如果旅行者一开始就坚持使用"乌拉"，就不会多付一倍的钱。

就此事而言，从道义的角度看，旅行者或许会谴责"乌拉"制度，因为在藏区非它不可。从理论上讲，这个制度没有什么不妥之处，其建立之初对各方均有利。但这个制度被汉藏官员滥用，为当地某些贪婪的僧人牟取暴利提供了一个契机。现在，官道沿途的废墟和不断增加的遗弃之处再现了这个制度的失败。制度本身没有多大问题，是地方土司的贪婪和压迫让它走向穷途末路。同时，这也导致居在打箭炉和巴塘之间的许多当地人为了逃避差役，而被迫迁移到远离官道的荒凉地区。

各地的"乌拉"制度本身也不尽相同，运输通常由骡子、马、牛和牦牛来承担，这在巴底（Badi）、巴旺（Bawang）、鱼通（Utong）、雅拉渡口最为常见。一头牲口运输的货物较少，路程较短，且难以保证运送货物的安全，导致这些地区应差的人得不到报酬，所以工作通常由妇女和少女来做，有时儿童也被迫前来应差。

"乌拉"使用的牦牛和黄牛一般比较好用，但马匹就不行了。一路上牲口常常走失被盗，或在边界市场被地痞流氓拐走。瞎的、跛的、病的牲口一直到生命的最后一刻还在继续它的使命，甚至死后牲口皮也会被拿到低海拔地区市场去换一笔小钱。

第二节　乘牛皮船出行

牛皮船的制作极其简单。用柳树枝做一个大筐，再把牛皮蒙在上面，接口处用松脂小心地粘连起来即可。制作完成的牛皮船形似一个大的牡蛎壳，直径 1.2 米左右，高约 1 米，安全不漏水。

渡河的关键，在于掌舵者是否拥有在激流中保持船身平衡并操作自如的技术，在返回时必须依靠一定的重量回到起点。一只牛皮船大约重 32 公斤，制作及使用过程简单，能够满足实际需要，但对新手而言并非如此。

牛皮船是恶劣环境的产物，体现了边地人民勇于冒险的精神。牛皮船映入眼帘预示你已到达边地。在某些地区，辫子、服饰、房屋、语言都明确无误地揭示居民的汉人身份。牛皮船则成为一条线索，继续往上追溯，充足的证据会让你不得不承认这些人都是边地先民的后裔。

这条神秘的河流至少有 4 个名称，最终在嘉定府（今乐山）注入岷江。从嘉定府往上游至沐川称为铜河，从沐川至 300 多公里外的丹巴称为大渡河，从丹巴到绰斯甲（Krosgyab）称为大金川。除此以外，在巴塘和雅砻江的渡口都可以看到牛皮船。

笔者最初看到牛皮船是在嘉定府 250 公里外的泸定，但使用范围有限。另外，在丹巴上下游地区也发现了牛皮船。这个地区的牛皮船不仅用来渡河，还承担了向更偏远的地方运送货物和行人的任务。然而，牛皮船运输真正的起点离绰斯甲边界不远，终点在巴底巴旺的一处军屯，两地相距约 80 公里，这段路程的经历将令人终生难忘。

我们的行程充满刺激。我们刚出发不久，牛皮船艄公向我坦言，考虑到货物的价值，他已经喝下比平时更多的酒。他说："我已经晕晕乎乎了。"在我看来的确如此，我也搞不懂他说这话的意图。除他以外，同行者还有 3 人。他告诉我们要紧紧地靠在一起坐稳，否则船会翻。起初，我们还觉得坐着一点也不舒服，但很快注意力就转移到其他地方去了。

图 1-1　打箭炉下游的峡谷

尽管行驶在平静的水面上，艄公也能在一定程度上用桨控制方向，但牛皮船一路上老是转圈，这让我们很不舒服，遇到激流时情况更严重。湍急的水流把牛皮船从河的一侧冲到另一侧，仿佛漂在水面上的软木塞一样。船在旋转，来回荡漾，上下颠簸，天旋地转的我们失去了方向感和时间感。夜幕降临时，我们到达目的地，终于上岸了。一行人冻得发抖，浑身湿漉漉的，幸好没被激流吞没。

年老的艄公是一位嘉戎藏族，一路上给我们讲述了令人发毛的故事。当我回顾路上的经历，想到那脆弱的小船、醉醺醺的船夫、如墨的河水以及经过的激流，这一切好似一场噩梦，对一位学者而言有些难以承受。

第三节　"莽荒边地"

"莽荒边地"顾名思义，指的是植被稀疏的边缘地区，用它来形容川西打箭炉、巴塘和乡城附近地区再合适不过了。该地区从东到西大约 800 公里，从北到南更宽，它包括了海拔 3600~3800 米的高原，四周环绕着海拔高达 5000~6000 米的高山。

这些高地和山峰之间流淌着无数由北向南的河流，冲刷出无尽的峡谷，该地区的特色难以言表。高原上满是丰茂的草地，供数不胜数的牦牛、马、羊和其他草原动物生息。这里还能发现与藏民游牧生活相关的黑色和白色帐篷。在河流冲刷出来的低矮山谷地区，房屋以及大型的居住点成为主流。那里每片可以耕种的土地都被利用起来，这是恶劣的生存环境给予当地人的巨大财富。

莽荒边地的气候较为极端。高海拔会让旅行者感到焦虑，但人体自身很快就能适应环境的变化。夏季灿烂的阳光、迷人的风景和别致的游牧帐篷令人大饱眼福。但到了冬天，这里就如同北极一般荒凉，人和牲畜纷纷涌入更温暖的山谷或蛰伏于草原干燥的土地。

居住在这个地区的是藏族，都讲藏语。根深蒂固的宗教信仰使当地人不喜欢外来的规矩，保持着游牧式的习俗。他们以部落形式的政治架构，保留了母系氏族社会结构的痕迹。除此以外，性格粗犷、喜爱装饰的习俗，独特的饮食习惯，无不体现着藏族的特色风情。

史料记载，清军远征队曾多次破坏这里，与清政府关系亲疏不等的各地方势力此消彼长，数次企图控制这里的行动，其结果无一不是悲剧性的。历史上曾发生过侮辱并杀害清政府高官的事件。那些微不足道的地区多年来不断地挑战清政府的权威。忠于清政府的当地土司，在动荡的时代也成了叛徒。许多人认为，前事不忘，后事之师，所以这片土地依旧是困扰清政府的难题。我们注意到，瞻对（Chantui）①、临卡石（Linkasi）②和其他一些地方可能直接处于拉萨控制之下，而德格（Derge）这类地方，则直接受清政府控制。

---

① 译者注：今甘孜州新龙县。

② 译者注："查巴塘之东北隅，有地名临卡石，本系巴塘属地。在土司时，即为瞻对引诱，土司亦无如之何。光绪二十一年，官兵攻克巴塘后，临卡石百姓因与瞻对逼近，有恃无恐，竟不来投。经臣迭次示谕，该蛮民置若罔闻。兹将良藏寺攻克……该民始有畏服之心，相率具结，前来巴塘，见臣恳宥前罪，从此照章上纳官粮等情。"详见吴丰培：《赵尔丰川边奏牍》，成都：四川民族出版社，1984 年，第 81 页。

第四节　边地之行

　　穿越边地的道路和交通方式极为独特。平原地区常见的行人，背负着沉重货物的庞大的苦力队伍和慢吞吞的车辆，在打箭炉以西都看不到。旅行者和他的行李都要依靠藏民那些未受训练的、时常出错的牲口来运输。只要瞥一眼边地的地图，其中原委就不言而喻了。通向拉萨的官道沿着边地北方边界向前延伸，那里有数不尽的河流。河流向南，而道路向西，旅行者不仅要沿着分水线前行，而且还得一次次深入峡谷，跨越分割河流的高山垭口。穿越边地的道路只有一次会经过海拔低于 3800 米的雅砻河谷，途经的 12 个垭口，没有一个海拔低于 4400 米！

　　到这些地区旅行是一件非常复杂的事情。除了需要大量驮货物的牲口以外，这些牲口还必须适应高海拔且崎岖的道路。官方每次出行都会准备大量的食物、衣物等，以供官员和仆人使用。如此一来，路上的开支、补给和适于出行的队伍安排则无须担心了。

　　没有到过此地的人几乎难以想象，对藏区的统治是一个多么艰巨的任务。真实的情形会让人瞠目结舌。出于仁慈与政治的原因，众多官员与随从三年轮换一次，这意味着进出藏区的官员、士兵、差役和运送藏区土司上贡物品的队伍将在这片土地上络绎不绝。整体而言，清政府已采取合理的措施，克服这个世界上海拔最高的地区的交通困难，结果基本上令人满意，交通状况并非如外界所想象的那样不安全。

　　总而言之，边地最安全、最便捷的交通方式，莫过于驿站的马和"乌拉"。驿站系统建于 1730 年，从打箭炉到拉萨各站之间的距离不等，站内设施足以满足从北京到拉萨出行者的食宿需求。每个驿站由汉人或藏人负责维护，保留一定数量的马匹和能够前往下一站的牲口供调度，方便政府人员或运输货物使用。驿站的开支由清政府、拉萨地方政府以及当地土司分别承担。汉人差役每年的薪水为 48 两银子，藏人则得到 60 两银子。在最近的叛乱中，理塘所有的藏族差役四散奔逃，但在巴塘和打箭炉仍然能够找到他们。

　　1903 年，我分别使用了汉区和藏区的马，每匹马付了约合 200 元现金①。但全程仍需大型的交通工具，马匹显然不合适。我们发现，"乌拉"总是要求使用者必须是进出藏区的驻藏大臣、军民管理人、朝贡及平叛队伍。

一般来说，出行者要求一定数量的牲口，由沿途有名的集散地负责，譬如河口、理塘和喇嘛丫（Lamaya）。然而，当要求的数量超过100时，负责这个地区运输的人就会将所需数量的牲口于某个时间送到特定地点。从某个角度而言，我认为"乌拉"对当地人的确是一种赋税。除去政府允许的减免不谈，一天一夜每头牲口支付的费用是100~200元。我们一共花了2000元，这个价格还算公道。

我们使用的牲口有牦牛、骡子和马。它们带着沉重的货物上高山，过垭口，下深谷，这时我们尤其需要沉着冷静，但日常换乘坐骑却让人感到别扭，因为坐骑本身会不适应，甚至毫无预兆地咬人、打滚、踢人，这些情况往往发生在危险地段。经验表明，无论是"乌拉"还是一般的差役交通方式，对当地藏民而言，按惯例人员加上牲口每天支付200元，已经是十分公道的价格了。对外来者来说，用自己的牲口不仅花费昂贵，而且在这种崎岖的道路上能否适用还是个大问题。汉人早已知晓这些困难，才诞生了上述的交通系统。尽管存在严重的滥用问题，但从理论上来看它还是适合的，于藏民也是有利的。

有时，高官或官员家眷出行，就乘坐轿子穿梭于巴塘及其他地区。在这些道路上使用轿子没有任何问题，只是在经过高山垭口时需要比平原地区多一倍的人力。除了费用问题，来往巴塘和打箭炉的行程对女士来说，是比较舒适的。从打箭炉到巴塘，一名外国女士花费约42两白银。

通常，沿着官道前进的边地旅行者，一天之内可以在多处休息点落脚。尽管卫生条件差强人意，但住处和驿站相连，且能够提供休息和烹调的食物。有时，旅行者还能从同住驿站的人手中买到糌粑、酥油、牛奶和鸡蛋。这些休息点颇受人们青睐。倘若没有它们，那么汉人休息时就得需要大型的马车，或是露宿野外了。未来的旅行者将会发现更好的住宿条件。

清政府认为边地的官员理应获得更好的食宿条件，于是不屈不挠的赵尔丰下令在旧址上兴建新的更好的驿站，有一两处是全新设置的。大量的木匠和砖瓦匠数月里忙于建造房梁、锯木板、修缮房屋框架、搭建墙壁，现已竣工。这些房屋都是只有一层的平顶屋，房屋前面的墙壁是木制的，其余几面

---

① 译者注：作者在此并未标明使用的哪种货币。

则由泥土、砾石、石头或木头建成，横梁一般比较沉重，足以受力。目前，这些平顶泥土房顶漏水严重，日后会加以修缮。房屋的设计、客厅和耳房的布置都是汉式的。床既坚固又舒适，客厅的椅子、桌子和座位以及墙壁简单又美观。在巴塘地区，房屋低矮处已被差役占据。总体而言，笔者不清楚通往巴塘的行程为何不能更安全、更舒适。我们必须携带大量有营养的食物，穿上厚厚的衣服以保暖。起初，3900～5100米的海拔看上去难以克服，走上最高处你会发现并无太大差异。无论骑马还是坐轿，其平稳度都依赖于使用者个人的状态、财力和性别。任何情况下，旅行者都需要油布雨衣、保暖衣物和皮毛，睡的床最好是既暖和又实用。倘若下雪，最好用油布或橡胶布把床包裹起来。

第五节　边地新时代

大约三年前，打箭炉以西的整个地区发生了严重的叛乱，这标志着边地进入新的时代，其细节值得探究。相对而言，我们可以说这场叛乱蓄谋已久。对人身差役制度的滥用与喇嘛的傲慢，当地土司的贪婪以及清政府的残酷行为，导致叛乱沿着官道蔓延到四周心怀怨恨的人群中。

更为严重的暴力行为仍在发生。笔者于1902年来到打箭炉时，俄国对拉萨的影响达到顶峰。德尔智（Dorjieff）[①]，这位受过教育的布里亚特（Buriat）俄国人，曾为达赖喇嘛亲信，并与之签订了一个有利于俄国的密约。同时，中国的西藏地方政府也做好摆脱清政府"束缚"的准备。清政府和英国对此警觉起来，英方随即要求与西藏地方政府就中印边境的关键问题达成协议。西藏地方政府置若罔闻，于是英方派兵入侵拉萨以施压。数月的僵持与等待并无结果，英国军队进入所谓"佛国"的"中心"时，发现达赖喇嘛和德尔智已逃往库伦。西藏地方政府某些当权者背着清政府私自与英方签订《拉萨条约》后，荣赫鹏（Younghusband）才返回印度。

[①] 译者注：德尔智（1854—1938），出生于沙俄外贝加尔省，成年后因故出家，曾到拉萨哲蚌寺与内地五台山学习，19世纪末至20世纪初，他既为十三世达赖喇嘛身边三品僧官和全权代表，又是俄国政府驻中国西藏的政治密使，利用一切机会"联俄抗英"，并企图在西藏设立俄国领事馆，在文化、经济方面对蒙、藏进行和平征服。详见陈春华：《俄国外交文书选译——关于十三世达赖喇嘛身边的三品僧官和全权代表、沙俄政府驻拉萨的政治密使俄籍布里亚特僧人阿旺·德尔智的活动（1888—1910）》，载《中国藏学》，2013年第2期，第48页。

图 1-2　打箭炉附近的寺院和空地

多年来，清政府一直加强控制康区。至少在十年前，清政府曾利用当地的纠葛局面，进入瞻对，通过武力或金钱迫使地方政权让步。但当高官堕落后，清军也一蹶不振，后来噶厦对控制区域的主张获得了清政府的认可。与此同时，威胁、告诫与征讨队伍也未能实现持久的和平，乡城还出现了投降的情况。

1903年，理塘势力强大的寺院公开对抗清政府，一时搞不清是当地土司还是瞻对势力参与其间。打箭炉姓刘的同知果断采取措施，攻打寺院致使反抗势力受挫，住持及其亲属被枭首。与此同时，巴塘、理塘及瞻对一带谣言四起，称要脱离清政府。1904年，因河垭（Kata）开矿一事，叛乱在所难免，但瞻对一再退缩，清军得以前进至泰宁（Tailing），将这次著名的寺院叛乱镇压。

由于清政府的错误决策及主政官员没有采取有效措施，最终点燃了当地的"火药桶"。满人凤全被任命为驻藏帮办大臣，受命驻守巴塘与昌都。因其侵害了当地人的权利，当地人对此项任命众说纷纭。凤全抵达巴塘不久后，采取削弱寺院权力，减少喇嘛人数的措施，引得僧人纷纷反对。1904年底，危机加重，凤全出于安全考虑前往打箭炉。队伍仅离开巴塘10里，便遭到数千藏人的围攻，50人无论官职大小无一幸免。接着，反叛者返回巴塘，将汉人驱赶出城，并占据城池达4月之久。被害者包括一名罗马机构的外国人和5名当地成员。

叛乱的消息很快传到成都，提督马维骐迅速召集军队于6月24日抵达巴塘平叛，重新占领巴塘，并处决两名土司，派兵血洗与凤全之死有直接关系的七村沟（Chihtsuen）。提督设想首先包围并摧毁丁林寺（Tinglinsze），但喇嘛们先发制人，将丁林寺付之一炬，随后越过七村沟，带着寺中的财宝逃往山区。住持后来被七村沟当地人抛弃，随后被清军以叛乱罪处决。乡城的行动一直持续到光绪三十二年（1906年）4月中旬才结束。

叛乱的爆发不仅令人发指，也宣告了喇嘛制度的灭亡，旧有土司统治被废除。很快，清政府重新恢复对该地的统治，制订全面计划，不仅在战略中心地设立军营，驻扎军队，任命官员，还改善了交通条件，在巴塘设立电报局，并对当地耕种荒地和开矿的汉人予以奖励。

将现今的条件与1930年作者笔下的情况比较，可见赵尔丰在边地的影响。以理塘为例，以前的条件非常糟糕。喇嘛虽受到清军的镇压，但对拓边者的态度仍不友好，当地土司仅因无力驱逐外来者才对他们加以容忍。土匪聚啸山林，理塘以南大片地方禁止外来者和外国人进入；在城中，官员、商人及士兵对喇嘛的敬畏替代了对神的敬畏。作者3年后再次造访时，发现这里发生了翻天覆地的变化。曾经到处动荡不安，如今随处可见清政府充满信心的统治，很大程度上是由于喇嘛统治的终结。尽管理塘的屯地未受磨难，但巴塘和乡城执迷不悟的联盟已被打破，寺院被毁，僧人被杀或被逐。理塘当地人为此惴惴不安，以为清政府也会对理塘照此办理。理塘和巴塘的掌权者再次忧心忡忡，巴塘有两名土司因叛变而被处决，理塘土司则被永远废除。其中一人逃往西藏，另一人在被押往成都的途中自尽。

毫无疑问，有观点认为，叛乱并非出自藏人的谋划，而是清政府滥用武力的结果。为了警示当地人，清政府在城中驻扎一千人的军队，派驻一名道台，以西式方法训练士兵。此外，诸多细节的变化让人们安居在理塘。譬如，巡逻街道的士兵看上去举止有度且仪态大方。他们还采取措施根除匪患，这是一项了不起的工作。过去整个地区匪患猖獗，如今饱受困苦的士绅贵族安全多了。来自理塘一个连队的士兵于冬季驻守在海拔约 4800 米的黄土岗（Hwangtukang），以免有漏网之鱼。尽管大部分土匪被擒，但近来仍有旅行者被劫。在几公里远的喇嘛丫，剿匪行动只取得初步成功，尼泊尔使臣和驻拉萨的办事大臣也曾遭劫于此。一天早上，我向人打听昨晚发生的骚乱时，便得知某个在通往乡城的路上重操旧业的土匪被抓获。

如今的一切源于清政府的自信，这对双方都有利。贸易增长迅速，荒芜的土地种上树木，城中设立了联络北京的电报，外国机构在此购置房产。所有这一切都预示着理塘进入了一个统治有序、不受藏传佛教（Lamaism）控制的新时代。

1903 年，喇嘛统治乡城时，唯一被认可的权力中枢就是达赖喇嘛。官员、商人和清政府的机构受到的待遇甚为低下。如今喇嘛被逐，清政府驻兵当地，秩序井然，官员执法严明，甚至外国人也能安心探索这片神秘的土地。1903 年，清政府的权威受到嘲弄。如今却没有多少人敢挑战它，极少有人意识不到清政府的优势所在。

巴塘的情况亦是如此。1903 年，喇嘛和土司忽视或侮辱清政府。现在，寺院被毁，土司的统治被彻底废除。此外，清政府意在直接控制当地混乱的人群。城市官员的任命，学校的设立以及移民政策的实施，无一不显露清政府将长期致力于树立权威、确立秩序。

正如前文所说，人们很难相信藏传佛教的衰落，这意味着清政府的政策已深入边地，我们可以确信，以前的喇嘛在恐惧和震颤之余仍心存怨恨。说到证据，我可以列出以下事实，即乡城一带的警戒已明显放松，瞻对、临卡石受拉萨控制的部落一点也不急于同清政府一决胜负。在理塘，清政府对平叛军的现状并不完全放心，更多出现骚乱的中心都驻扎了不少强大的兵营。

尼泊尔人进献的新贡物意义重大。清政府将这种古老的习俗视为附属国对自己的真挚态度，尼泊尔人却视之为"允许"清政府进入边地的一种补偿。然而，下列事实却展现了两者的冲突。身着盛装的尼泊尔使臣进京朝见清朝皇帝，在接受最高荣誉的赏赐后，清政府便要求他们身着清朝官服经边地原路返回。此外，清政府还规定尼泊尔使臣进出北京必须按规定路线，甚至毫无理由地将一行人扣留于沿途重要的集散地。事实上，这无疑是征服者在被征服的土地上表演的一种屈辱他人的把戏罢了。扣留的行为亦是一种恐吓，正如多次将使臣扣留在加德满都到北京的路上一样，导致这些"头脑简单"的人对帝国的广袤产生一个错误的认识。

我们很难从价值观上对此做出论断。此前，理塘和巴塘是清朝最混乱的城镇，这无疑是由边地人口结构的不断变化所致，牧民、汉族商人和官员，各自对自己的制度有所希冀，如今的情况更加复杂，我们没有理由相信混乱的情形不会加剧。出于道义的考虑，不久以前赵尔丰下令易服并呼吁民众注重个人卫生。诸如洗脸、束发以及穿着适合的内衣之类的指令并未引起人们的注意，然而当地衣衫不整的女性上街游行的习俗却最终烟消云散了。

第六节 打箭炉

在边地，有三个地点非常重要，分别是打箭炉、理塘和巴塘；另有一个也相对重要，即乡城。位于最东边的打箭炉，是最重要的政治和经济中心。同时，它也是中原和西藏的天涯海角，来自中原和藏区的货物大多在此交易。此外，达折朵土司也住在打箭炉，土司在他的半自治辖地内拥有不从属于清政府的司法权。打箭炉是开展对藏族考察的绝佳之处，从这里前往农区和牧区比较容易。从历史的角度来看，打箭炉的人口包括定居者和流动人口，有汉人、藏民和西番，能够轻而易举地为两名学者提供研究对象。随着研究事业的发展，这里还需要为小孩提供教育和培训干事的学校，还需要在边地设立一个合适的研究中心，为机构青年学者、总干事和主任提供服务。在我看来，打箭炉无疑是目前最适合的地方。

总而言之，较之打箭炉，没有任何地方有更好的条件来系统地开展康区研究工作了。从城镇、乡村的人口来看，边地算不上重要的地区，但近距离审视过后，你会发现它比想象的还要大。你随时都能看到成群的牦牛和马匹在吃草，它们就像风一样"随意而吹"（which bloweth where it listeth）。

从上述情况来看，机构中只有巡回外出并遵循牧民生活习俗的学者，才能接触这些一直受制于季节和气候的人群。他们必须在冬季离开寸草不生、冰雪覆盖的草原，前往温暖的山谷地区，随着气温的逐渐升高和草场的恢复，又慢慢回到更高的山地。如果打箭炉是边地唯一的考察点，那么它将成为对雅拉地区牧民考察的中心，随着事业的发展，其他中心点也会提供更多便利。

图1-3 打箭炉考察点正门外

打箭炉位于雅拉最西端的河口,是雅砻江上一处非常重要的渡口。所有来自内陆的官员、大型商队及旅行者都必须由此通过,并在附近停留一段时间。例如,某次两名驻藏办事处官员带着长长的队伍前往拉萨就花了整整三年时间,满载货物从拉萨出来又花了三年。众多官员里,无论是普通级别官员还是达官显贵,从上任到任期结束,都有过同样的经历。

河口控制四条道路:东面那条穿过雅拉到打箭炉,向西的直达理塘,南面的连接米龙,向北的通往瞻对。当地人口约300人,其中200人居住在靠近雅拉一侧,另100人靠近理塘。山谷东部约有100户人家,其中包括雅拉地区的首领。

河口的海拔大约与巴塘相同,气候同样温暖宜人。河口盛产优质蔬菜,但其他东西在 165 公里外的打箭炉方可获得。电报局刚刚开办，河口的人便能在需要时与外界交流①。

第七节　巴塘，边地最西边的城镇

巴塘是边地最西边的城镇，约有 400 户人。巴塘位于理塘以西 260 公里，是一处重镇，由清政府和拉萨当局分而治之。我在 1903 年的日记中是这样描述的：

> 巴塘位于高山脚下，地形第一眼看上去就像是一个不规则的空洞。山脉与平原扭合在一起，农夫使用工具和灌溉水渠，庄稼能够获得不错的收成。平原地形向围绕西边山脉的昌波河倾斜，被定曲河一分为二。北面土地的收成是南面的一倍，但在南面，荆棘丛点缀着旱地。山上的草场情况恶劣，只有一些荆棘丛和为数不多的松树抗拒着夏日的干旱和冬日的大雪。
>
> 从这个地区来看，巴塘镇比较大，拥有东方式的城镇外貌，零售业规模很小。主街约有 640 米长，宽敞且铺着石板，并延伸出不少重要的邻街，还有许多迷宫般的小巷。当地房屋呈方形，由泥土和上面提到的各种材料建成，非常坚固。房屋一般有两层，但三层也比较常见。房顶是平的，楼梯由一根圆木搭成，上面开凿出阶梯，这是当地唯一式样的楼梯。镇子西边有一座大寺院，大殿屋顶和塔尖贴有金箔，共有 1500 名僧人，他们对清政府和拉萨当局几乎毫不在乎（即丁林寺，现在是 1907 年，该寺已被毁）。镇子右面还有另一处建筑，屋顶、塔尖都贴有金箔，四周是 600 座玛尼风车磨坊，那里是巴塘土司的家。

据《藏区指南》记载，巴塘地区原是被拉萨当局控制。"雍正七年，设正副土司及诸多土头（当地首领）。人口 37360，其中 9480 人为喇嘛，年税收为 3200 两。"

中文的记载将当地人口写为 7000 户，这与《藏区指南》一致，并与金沙至乡城一带的中文记载相符。到目前为止，笔者考察过的地区仅有

---

① 译者注：1895 年，鹿传霖任四川总督，为应对列强图谋侵略西南边地的企图，决定架设电线至打箭炉等地，于 1897 年初设川藏电报局炉城分局，并随后延伸至周边。详见秦和平：《清末川藏地区建设电报通讯之研究》，载《中国边疆史地研究》，2018 年第 2 期。

第一章　边地游记

1100 户。

上面的数据意味着巴塘南部就有近 6000 户人。对于差距如此之大的统计数据，我做出如下解读：第一，罗马机构曾在此近半个世纪。第二，《藏区指南》探讨了从巴塘至云南中甸（Chongtien）①的道路，称这个地区为洛玉（Ruhyu）（真的是 Rongmi 吗？）："洛玉，离巴塘 310 里，土地肥沃、气候宜人。此地位于多个地区交界处，共有人口 300 户，由拉萨控制。阿礅子（Atuengi）②距此 8 天路程，得荣（Tehrong）距此 4 天路程。当地寺院有 300 名喇嘛。"第三，汉藏两种记载确认了上述内容。一份著名的报告宣称，近期的混乱局势中，巴塘地区近 5000 户人曾逃往他处，其中 2000 户业已回归。至于另外 3000 户，中文记载的失真是如此的"系统化"，除非出现更多的证据，否则对于这样大的数字缩水，我实在想不明白。倘若这 6000 户人在学者的记载中并不存在的话，我将十分惊讶。要知道，除巴塘地区以外，想要前往附近许多受拉萨控制的地区是必须要经过这里的。

表 1-1　巴塘附近人口统计

三岩（Sanai）③	人口约 3000 户	12000 人
江卡④	人口约 2000 户	8000 人
临卡石	人口约 1500 户	6000 人
察雅	人口约 5000 户	20000 人

上述数据以中文材料为基础，如果全部准确，那么人口将是 11500 户，46000 人。由于巴塘是边地最西边的城镇，同时也是边地与西藏交汇处的中心，流动人口数量庞大，不久的将来，这里很有可能成为边地的中心。

直至近期，巴塘当地人才归属于藏族土司及其下属。在最近的冲突中，这些人被清政府视为叛乱分子而处以极刑，家眷皆被押往成都。

巴塘的气候可以用"宜人"二字来形容。八九月天气闷热，成群的苍蝇随处可见，晚上又有许多蚊子、臭虫、虱子和跳蚤。冬季很少下雪，温度和成都差不多。水的沸点为华氏 195.6 度（90.8 摄氏度），但气压变化很大。

---

①　译者注：今香格里拉。
②　译者注：今云南省德钦县。
③　译者注：即民主改革以前的三岩宗，后与贡觉宗合并成立贡觉县。另，叶长青在此用的是四川方言发音来标注读音，三是 San，岩的四川方言是 ai。
④　译者注：今芒康县。

和理塘一样，巴塘也有许多温泉，治病的效果声名远播，仅次于理塘。30年前的大地震对巴塘造成很大的破坏，人们揣测当地又高又薄的土墙会不会在一夜之间倒塌。除了大自然的灾难外，这里的房屋宽敞舒适，适宜居住，只用花一小点钱就可将其改造成合适的西式住所。

巴塘的食物也合外国人的口味。日常的食物包括牛肉、黄油、野味、鸡蛋和牛奶，同时当地还出产燕麦、小麦、玉米、大麦和荞麦，菜园里满是卷心菜、萝卜、南瓜、洋葱、胡萝卜和土豆。而当地水果并不多，不同的季节出产桃子、梨、葡萄。我发现在巴塘几乎能找到所有内地的动物。

痢疾、斑疹伤寒是当地人面临的大问题，但人们只要注意饮水安全，这些问题就能得以改善。所有饮用水都引自巴塘河，通过灌溉水渠到达居民区。巴塘地处肥料使用区的中心，从高处引来的水流经此地很快就被严重污染。某些"聪明人"还将引水渠修到街道旁，饮用水从早到晚流经于此，这无疑是雪上加霜了。当你看到污秽垃圾成天污染饮用水时，当地人患痢疾、斑疹伤寒的原因就不言而喻了。

第八节　理塘，世上海拔最高的城市

理塘位于大草原的一角，由汉、藏村庄共同组成，是理塘草原地区的行政中心。海拔约 4200 米（沸点 93 摄氏度，气温 15 摄氏度[①]），或许是世界上最高的城镇。《藏区指南》一书对理塘描述如下："理塘离打箭炉约 325 公里，离巴塘 260 公里。雍正七年（公元 1729 年），清政府开始在理塘设治，安排土官统治理塘、瞻对、毛垭及其他地区，土官世袭统治。当地俗人约 4 万，喇嘛共 3849 人。"

官方对理塘和周围地区的记载数据如表 1-2 所示：

表 1-2　理塘及周边人口统计

喇嘛、仆从及学经者	5000 人
附近的藏民	2000 人
汉人、藏族妻子和小孩	1000 人
周围平原和山区的牧民	1000 人

---

① 译者注：叶长青在文中记载的气温应该是实时气温而非平均气温。

续表1-2

士兵、仆从和家眷	1000 人
官方数据统计人口	10000 人

尽管该地有沉闷的草原、严酷的气候、卫生不佳的街道，以及充满恶意的寺院，但理塘对清政府而言非常重要。它是通往拉萨官道的第一站，也是南部约5000户藏民的中心。北边的牧民约有3200户，将理塘作为联系外界的唯一枢纽，许多来自瞻对、贡觉和德格的商人到此交易。据我估计，本地区的人口情况大致如表1-3所示：

表1-3 叶长青估计的理塘及周边人口统计

牧民，加上毛垭、瞻对等地的人	13000 人
理塘当地人（包括汉、藏与通婚后裔等）	10000 人
乡城、稻城、贡嘎岭（Kongkalin）等	16000 人
藏坝（Shompa）、木拉（Molashih）①、濯桑（Tsosang）	10000 人
上述地区的清政府官员、士兵	1000 人
理塘土司管辖的总人口数	50000 人

理塘可能作为一个重要的军事要地得以持续发展，也有可能成为一个具有影响力的宗教中心。当地的喇嘛现有3000人左右，其中还包括了仆从、学经者和朝圣者。现在巴塘寺（丁林寺）已成一片废墟，乡城的寺院变成了兵营，这样一来，理塘似乎没有强有力的对手了。如果当地喇嘛保持平静，那么他们将从其他地区同行的巨大"不幸"中获益匪浅。

上文提到的情况对理塘的商贸局势有直接影响。官员、士兵、藏民所需的食物、衣物、货物及奢侈品必须从打箭炉运到这里分销，同时大量出口黄金、药物、兽皮和其他藏区货物。

直到最近，理塘地区才进入"半自治"状态。除了上面提到的牧区首领，当地政治权力被两名土司掌握，头衔世袭。先辈流传下来的办公地点正位于理塘城外，两名土司共同控制了稻城、乡城和河口东部的部落。

多年来，理塘深受南方部落的骚扰和当地喇嘛的威胁，直到驻藏帮办大臣凤全被杀，理塘土司才以延误运输服务为由公开表达对清政府的不满。清

---

① 译者注：叶长青指向的可能包括现在理塘南部约48公里远的上木拉和中木拉乡。另外，现稻城南部约50公里还有一个木拉乡。

军将领到此要求使用"乌拉",当地土司以"不在家"为借口延误一个月。当地人并没有送来足够的牲口,接着土司突然下令废除这种古老的运输方式,导致运送武器、给养和装备的车队被弃于路旁。最终,朝廷重要的信函被毁,当地向导跑了,武器也被送到稻城和乡城为叛乱者所用。

清军胜利回师时,理塘土司和家人带着财产逃到拉萨,任凭清军如何威逼利诱也没有结果。留在理塘的土司同僚被捕下狱,清政府声称将在成都审理此案。不久,边地的"典狱官"赵尔丰发布公告,彻底废除理塘的土司制度。北部的首领保留不变,理塘周围地区的僧俗众人都归理塘管理,乡城和稻城则处于军管当中。未来政府的组成形式是什么,现在还很难说。但我们可以确定,因巴塘和桑披寺的动乱,喇嘛变得谦恭顺服,他们再也不会影响或干涉清政府的计划了。

理塘的"商业区"大约200米长,既窄又脏。木制屋顶的房屋高度不超过6米,分布凌乱,仅留下一两条不到1米宽的小巷。后面不远处就是马厩和污水坑,雨天积水,晴天蒸发,一定程度上引发了斑疹伤寒。晚上,当地居民就在街道和屋顶方便,秽物交由野狗和降雨处理了!城外屠宰场长年累月堆积下来的粪肥、弃物,向四周至少三个方向弥散着恶臭。在这些垃圾的影响下,当地人的衣服似乎也渗透着难闻的气味。这些垃圾从何而来,当地人为什么还没有被某些奇怪的瘟疫所"击倒",这一切实在是匪夷所思。

理塘当地人看起来身体健康、精力充沛,但外来者应当记住,几乎每天都发生的突发情况,会对那些肺部有问题且血液循环不畅的人造成严重伤害。理塘的居民有时会出现头痛、呕吐、眩晕、心悸和压抑等症状。毫无疑问,长期生活在海拔4200米左右的人,其骨骼和心理健康或多或少会受到不同程度的影响。

尽管理塘气候恶劣,但冬季却日照充足,晚上的气温也不会比北极地区高多少。汉人常谈及当地的冻伤、胸膜炎、肺炎、风湿和腰痛。每年2月和3月降雪量最大,春季冰雪消融时,当地人的手、足、腹和身体的其他地方会出现普遍的肿胀症状。令人不安的是,斑疹伤寒对当地驻军也有重大影响。患者常有消化不良、痢疾、胸膜炎和风湿等病症,笔者却发现在理塘的生活没有别的大问题。

在这样一个荒凉、贫瘠的高海拔草原,人们要面对诸多独特的生存难题。夏季气候突变,冬季严寒,这要求生活于此的人必须储备丰盛的食物和足够使用的合适燃料。城市糟糕的卫生条件迫使你不得不对所有的东西进行消毒。当地大量出产牛肉、鱼、野味、黄油、牛奶,但鸡蛋、米、面粉、谷

第一章　边地游记

物粗粉、糌粑、蔬菜和水果必须从 10 天路程的打箭炉运来。茶、糖、盐和其他与奢侈生活相关的东西同样如此。木材与木炭来自 35 公里外的地区，且价格昂贵。（对我而言）某些时候偶尔用牛粪当燃料也还能忍受，但建筑、家具和日常烹调所需的木材在现在和将来都会成为一个严重的问题。

殊不知，理塘水的沸点约 86 摄氏度，可见做饭是一件多么麻烦的事。茶必须煮熟，其他东西也要煮很长时间。如此不合理的情形不禁让人以为，这片地区极像处于活了近千年的雅利（Jared）和玛土撒拉（Methuselah）的时代。此外，理塘城里脏得实在令人难以想象。为了方便消毒和烹调，你不得不准备专用器具。建造房屋和打造家具，必须从打箭炉聘请木匠。

尽管上述环境有诸多问题，但这不妨碍理塘的重要地位。外来者前往有些地区时，必定要忍受更强烈的孤独，更糟糕的卫生条件和远离日常舒适生活的痛苦。然而，很少有人需要面对理塘如此复杂的族群局势。简而言之，宗教、道德标准和政治环境都对外来学者不利，成功似乎遥不可及。僧人出于政治和信仰的需要，对当地人改宗这类事情深恶痛绝。转变的俗人或僧人会发现自己被当地社会所抛弃，生命也时常受到威胁。有时，官员的情妇或小妾、士兵和商人会希望转变。某些牧区妇女也有类似的憧憬。针对上述情形，学者要如何行动，给出何种建议呢？

总的来看，边地的政治环境使这一切更为复杂。比如，让我们想一想，暂时生活在这片地区的无数官员和他们的随从，并没有和自己的汉族妻子生活在一起，四处游动的商人随处包养情妇，这显然意味着当地独特的婚姻习俗的合理性。

清政府对此并不知情，但这会最终成为其计划的"阿喀琉斯之踵"。不让内地妇女前往藏区的措施不仅使当地道德沦丧的局面更加恶化，甚至还让更多的后代融入边地①。除了这些由清政府统治造成的伦理难题，由于边地曾被"占领"过，很难预测将来的情形如何，这将对康区的历史产生怎样的影响还不得而知。一个腐败松懈的政府将可能在任何时候引发一场政治事件，从而摧毁多年的藏区工作。罗马天主教机构在藏区活动几乎两次被毁的历史，对那些了解边地的人来说至关重要。

理塘辖地西边，除了少数牧民、喇嘛丫和驿站外，其他地区并无人口居

---

① 译者注："婚娶规则，经边务大臣与川督会奏，凡驻扎关外军队，准其士兵婚配夷女，其定规配有夷女为妻者，由公家每月发给青稞一斗，生有儿女者，一人一斗为津贴……但不准娶妻后生有儿女者弃之不顾，自行进关为违法。如被妻子控告，均按军法惩办。"详见吴丰培：《赵尔丰川边奏牍》，成都：四川民族出版社，1984 年，第 145 页。

住。喇嘛丫位于理塘以西 80 公里处，地方小，只有 40 来户农家、少数牧民和驻扎着 80 名士兵的兵营。河谷一带温暖宜人，农田广布，周围是丰茂的草原。在近期的叛乱中，村里的三位首领被杀，一段时间内这里人口数量不断下降，但从当地房屋和田地的情况来看，他们的境况还不算太糟。通往巴塘和乡城的干道在此分路，学者们可以方便地接触乡城河谷、定波等地的藏民。

第九节　前往长江源头或更西边

在前文的报告中我提到了巴塘周围的地区。下面的内容与在康区的旅程一样，都描述了同样的对象。巴木塘（Bamutang）是边地的最后一个驿站，位于巴塘西南部滇藏交界处，约 3 天路程。离开巴塘后，道路沿七村沟直至扎隆洛（Tsalong）脚下，那个垭口既小又乏味。一路上我们经过许多被毁的村庄，这让我们有机会来审视清政府远征军的工作。据说两名当地首领和一些无关紧要的人员被处决，而大量人群带着家畜和行李逃离丰茂的田地，我们可以从中看出一些端倪。从扎隆洛垭口顶峰放眼望去，金沙江映入眼帘。1903 年的日记中，我有如下的描述："脚下是浑浊的河水，两边是陡峭的山崖。河水从山中蜿蜒而出，一直向南。只有长达四千多公里注入海洋的长江可与之媲美。数年来，两岸的男女只为一件事奋斗，那就是'活着'。当地藏族、彝族、苗族和其他族群的历史已被人遗忘。富饶的河水为数百万人带来了生命与财富，当地人已开始描绘宏伟蓝图。人类崇拜太阳、月亮、星辰、湖泊、群山、河流、动物，甚至有瑕疵的受造物，那为何这样一条流经三分之二边地的河流却鲜有提及？作为一个远东的'漂泊者'，对此的考察有何科学价值？毫无疑问，人们会很快到此采集鲜花，测试岩石并制作动物标本……"

沿扎隆洛的坡地往下约 5 公里，我们来到巴里渡口。三岩位于巴塘西北山脉环绕的盆地，这里大约有 5000 户人。据说，当地土司住在巴塘和昌都之间，与拉萨和清政府鲜有来往。

巴里地区的藏民十分畏惧对面的部落居民，并称其为土匪。他们不敢报复。有谣言说，只要当地人不抢劫外地来的客商，当地头人每年可以从清政府那里获得 400 两白银的补助。在我看来，三岩人比较凶悍，他们头戴形状独特的铜边高帽。据说,他们住在高山上[①],到了合适的季节就在河岸耕种,冬天便躲进西边的深山。若是真的,表明他们的劫掠行为是偶发性的。

三岩一度由清政府管理,噶厦政府插手后,清政府就视若无睹。当赵尔丰到来后,形势却改变了。理塘一队人来到此处与当地头人谈判。其间,清政府官员带来机枪,在众人面前扫射岩石,测试火力,效果非常好,头人马上就屈服了……

距巴里10里外是水毛口(Shuimaokow),山谷中有10户人和一座寺院。当天下午两点半,我们从竹巴龙(Chupalong)冒雨前行,结果出乎意料。河水上涨,淹没道路,我们寸步难行。更糟糕的是,我的坐骑掉进河边的草丛时,把我摔进河里,我马上爬了出来,浑身湿透,只得传话给同伴J. R. 茂尔(J. R. Muir),让他们转回竹巴龙。聚居点的每个人都很友好,我的房间也不错,衣服也很快干了,这一切让差役的过错显得微乎其微了……

竹巴龙位于巴塘以南约45公里,有大约30户人。清政府在当地设置了机构,来管理有名的金沙(Kinsha)渡口。除了政府工作人员和渡口水手外,当地人在语言和习俗上都显现出藏式特征。我们于下午3点离开竹巴龙,在村子下游5公里处一个渡口渡河。由于前几天河水大涨,水中泥沙淤积,并冲刷两岸。天色暗下来后,我们迷路了,经过几小时的挣扎后才于晚上10点左右来到贡拉(Kongla)。

贡拉有15户人,周边山上的自林贡(Kongtzeting)和其他村子约有70户人。金沙江左岸有一条路通往丹巴、宗扎(Tsongtsah),以及乡城北部未归属的地区。出于某种考虑,清政府认定当地有4000户人。或许下游接近丹巴,当河水上涨时,道路不通。道路还通向定曲和亚日贡(Yaerkong),从贡拉到自林贡约20公里,沿途风景优美。

垭口海拔较低,路旁的村庄约有25户人,几十米低的土地种植着燕麦、小麦和萝卜,青稞尤其茂盛。在庄稼丛中穿行10公里后,映入眼帘的是一个长满庄稼的长长的山谷。换过两次"乌拉"后,我们终于来到了巴木塘。此处海拔约3800米,至少有100户人,这里并没有受到乡城事件的影响。

卫藏离这里不到10公里,尼果山(Ningchinshan)颇负盛名,外国人不得入内……1904年,美国人F. 尼古拉斯(F. Nicholls)在途中遇到一支

---

① 译者注:"地险人俗犷悍,康中夹坝以三岩为最,番人苦之……自是厥后益肆披猖,附近番民遍遭荼毒。"详见吴丰培:《赵尔丰川边奏牍》,成都:四川民族出版社,1984年,第7页。

武装力量，不得不从巴木塘往南走。三年后，A. 荷西（A. Hosie）和 J. 莫耶斯（J. Moyes）也遇到类似情况，他们根本无法进入卫藏。在巴木塘，外国人想要前往最高峰是不可能的。翌日清晨，在当地头人和两名清政府官员的带领下，茂尔和我强忍着高原反应，一路跌跌撞撞来到尼果山安放着玛尼石的最高处。我们在山顶上卫藏一侧测量海拔，山下不远处有一所放羊的窝棚，周围羊群正在吃草，但没有看到武装人员。事实上，这里最普通不过，风景秀丽、绿草青青，海拔也不算太高，似乎以前没有哪个英国人从尼果山一侧上来过。

突然，我冒出一个念头："为什么不下去看看！"我们对同来的官员和头人说起此事，他们并不反对，我们就下去了。下山超过两公里后，两个人突然拦住去路。他们提出抗议随即就离开了。我们继续向前，很快就看到耕地、住户和一所寺院。

我们沿着风景秀丽的山谷道路前行，两边都是熟地，大约有 50 户人。接着，我们向西北方走了一会儿，便来到乌浓村。我们在驻藏大臣的一处"公馆"用过晚餐。当地人非常友好，并没有表现出任何不满。聊了一会儿后，我们绕村庄一圈，便平安返回巴木塘了。《藏区指南》写道，乌浓离江卡约 70 公里，位置重要，"有 60 户人，每年七月，巴塘和昌都的人都会来此赶集"。

上面提到的江卡，既是村庄又是一个要地，曾经受蒙古管辖，1723 年被划归卫藏①。当地有许多臭名昭著的土匪。

据说，邻近的察雅在昌都以东 250 余公里处。该地三面环山，境内有两条河流。察雅土地贫瘠，争斗与匪患不绝，有一所著名的寺院，过去人们常在此举办婚礼，人们欢唱并在新郎头上撒糌粑……

巴塘以西 600 公里处便是昌都，清政府在此派驻了大量官员。我认为乌浓和昌都之间有大量的人口：首先，当地河流水量充沛，灌溉不成问题，足以滋养大量人口。其次，江卡至昌都路况良好，也可提供支持。

巴塘以西独特的政治环境，让藏区考察事业的前景充满希望。当此地对外开放后，云南边地至巴塘以西的广袤地区将需要设立机构加以特殊关注。

---

① 译者注：康熙五十五年至五十九年（1716—1720），内蒙古准噶尔部占领芒康，而后清廷自青海、四川、云南派兵三路进攻西藏，平定了西藏的动乱，芒康境内归属于巴塘管辖。雍正四年（1726 年），芒康为四川管辖。

第一章　边地游记

第十节　理塘以南的地区

　　1907年9月，我们来到理塘以南曾经从未涉足的地方。返回之前，我们在乡城住了一段时间。从巴塘出发，此行向东南得花8天时间，再花两天向东和向北走。在桑帕（Sanpa）垭口附近，我们离开官道，这里距离巴塘以东80多公里，离乡城约200公里。起初，离开官道后，我们从波密到定波，走了75公里左右。道路位于定曲河左岸，崎岖难行。一路上平安无事，只是丢了些行李，这并不意外。定波受理塘管辖，行至30多公里外的元根（Yuanken）时路比较好走，接着穿过一个垭口前往火竹（Hochu）地区，那里有经喇嘛丫前往乡城的官道。火竹离乡城只有40多公里。乡城的道路四通八达。经火竹至喇嘛丫的官道可连通拉萨。另一条路向北通往上乡城，再经稻坝和藏坝到理塘。第三条路沿喇嘛丫河顺流而下至下乡城，途经毛娅（Mora）垭口，绕贡嘎岭后又与通往稻坝的路汇合。第四条是从乡城到丹巴的。

　　从南方走5天通往中甸的道路，将很容易前往上述地区。我们所选的贡嘎岭这条路是最难走的，但借助商队也没有太大问题，并且我们不反对使用轿子。从乡城经上乡城和稻坝到理塘大约有350公里，途中必经海拔4500米左右的垭口。不出意外的话，加上露营，每天至少要走60公里。

　　这个地区的中心只有乡城，加上周边的卫星小镇，可以接通四川和云南广袤的地区。当地人口约1600户，火竹以西（包括元根、定波）有400户，定居点都在两天路程之外。东部是毛娅、拉莫（Lhamo）和贡嘎岭，共700户人，距离有两三天路程。向北走一两天是稻坝、色拉（Ratsa）、格木（Goa）、省母（Shaemo）和拉波（Napo），大约有800户人。理楚盆地（Lichu）的德巫（Teho）、藏坝（Shompa）、木拉距离理塘只有两天路程，对研究事业更为便利。木拉村海拔不超过3400米，加上濯桑、藏坝、德巫和周边的牧民，约100户。中甸距离乡城以南约5天路程，是云南边地的要冲。云南边地第一村戎水依（Ongshui），离下乡城仅有一天路程，驻扎着一个营的清军，或许是为了震慑南边两天路程外归化寺[①]的2000名喇嘛。

　　中甸的重要性在《藏区指南》中也有提及："从巴塘到中甸大约500公

---

① 译者注：即噶丹·松赞林寺。该寺是云南省规模最大的格鲁派寺院。

里，要用 8 天时间。清政府管理以此为中心的约 150 平方公里地区。当地人并非藏族，却信仰藏传佛教，大约有 2000 名僧人。由此向外扩展的平原上人口众多……距离中甸 6 天路程的丽江府以前是六位土府的中心所在地。明洪武年间，土府阿甲阿得归附，皇帝赐以木姓。清雍正元年（1723 年），土府归降清政府，奉旨统治境内九夷……"

乡城夏天热冬天不太冷，海拔约 3200 米，全靠当地自给自足。其他海拔 3600 米以上的火竹、稻坝和藏坝几处，当地人以放牧致富，农耕为辅。定波、元根和火竹的人较为友善，乡城、稻坝和贡嘎岭几处的人却极不友好，木拉一带的当地人则好斗多疑。

上述的所有地区，喇嘛统治已被完全摧毁，而清政府的有效统治却需要多年才能建全。如今，驻扎在混乱地区的军队为防止旧秩序死灰复燃而在此严防死守，但当地人对外人的憎恨严重阻碍了各项事业顺利进行。尽管我认为当下并不是在乡城开展考察的好时机，但小心谨慎地试探是必不可少的……

第十一节　涂禹山瓦寺土司之行

涂禹山①是瓦寺土司的家。这片半自治地区离成都只有四天路程，约 150 公里。涂禹山风景优美但难以翻越，林中多奇珍异兽，当地人口众多且有趣，信仰神秘且几乎不为外人所知的苯教（Bonism）。

土司官寨位于岷江右岸高约 120 米的地方，离汶川约 8 公里。道路从寨子蜿蜒而出，前段是光秃秃的山坡，后段则穿密林而过。两侧有一些当地人的住所，周围是开垦的田地。沿路而上，你会经过一个藏民用白石按不规则形状堆砌而成的玛尼堆，当地人说这是为了吓跑那些企图毁坏庄稼的鬼怪。

旅行者只有在离涂禹山土司官寨大门几米远时才能看到这个大寨。此处战略位置十分重要：面朝岷江，地势险要，防守者无须露头，便可守住通往汶川的道路。大寨背后是陡峭的山崖，树木稀少。大寨的房屋都用石头砌成，最大的一所周围建有碉楼。小巷的路狭窄、肮脏且难闻。寨子里大约有 60 户人。

瓦寺土司由当地藏族头人世袭。瓦寺一带属嘉戎藏族，大约有 2000 户

---

① 译者注：原文为"铜林山"（Tunglin Shan）。铜林山为涂禹山别称。瓦寺土司即瓦寺宣慰司，为嘉戎十八土司之一。详见祝世德编纂的《汶川县志》。

人。另外2000户左右从汶川和理番（今理县）迁移而来，后成为嘉戎藏族，再加部分汉族的商人和小贩，当地共有2万人左右。

当地藏民和藏区其他地方一样，也用石头修建平顶屋。当地人笃信苯教，但神龛、玛尼堆、香炉和经幡，表明来自拉萨的影响①。瓦寺土司名义上受清政府管辖，实则自治。土司对其子民享有生杀大权。但他十分清楚，如果滥用权力，他的子民会四处流散，逃往内地。历史不断重演，导致废除封号，成为很多封建领地分崩离析的原因。因此，土司每五年向成都进贡一次，每十二年向北京朝贡一次。

相传，大约在距今500多年前，来自中国西藏阿里地区的土司先祖奉命来此协助镇压嘉戎叛乱。中文史书称瓦寺土司为罗洛思（Lo Loh Su），但四川的这段史料不可信，更为可信的情况是，罗洛思占领此处，且未取得明朝政府的认可。

当代瓦寺土司是一个不错的人，也是笔者的朋友，可他有很多坏习惯。此人嗜好鸦片，沉迷赌局。他对外来者很友好，会协助对方穿越其领地和附近的地区。

我们想请土司带路，但时至中午，他还没起床。我们只好参观附近一所寺院，并受到热烈欢迎，有机会好好了解一下苯教。我很难接受寺中那些"面目可憎"的神像，这类风格不仅体现在神像中，还体现在四周的壁画上。性似乎是苯教信仰显著的标志之一，在涂禹山寺中体现得尤为明显②。无论如何，苯教信徒认同拉萨，他们的神职人员会前往"圣城"学习，如果没有得到达赖喇嘛的认可，瓦寺的喇嘛就不算正式的神职人员。

涂禹山寺中仅有3名喇嘛。住持年迈且神志不清，继承者是一位有趣的青年人，他还是瓦寺土司的弟弟（或是表弟）。这种关系在头人和当地喇嘛

---

① 译者注：苯教为藏族传统民间宗教。自赤松德赞灭苯开始，为了适应新的生存环境，苯教对自身进行改革，吸取、借鉴佛教理论体系，出现所谓"具苯"现象，形成苯教佛教化的趋势。同时，佛教为了更为顺利地传播发展，在本土化（Indigenization）的过程中，也吸收借鉴了传统苯教神灵体系、宗教仪轨等方面的某些内容，形成具有藏区特色的佛教文化。详见阿旺加措：《苯教和藏传佛教之关系概说》，载《西南民族大学学报（人文社会科学版）》，2011年第4期，第66页。

② 译者注：引起西方学者误解的神像其实是苯教的本尊神像。如身之本尊瓦塞恩巴，语之本尊拉郭托巴，意之本尊绰却卡迥，功德本尊格阔、金刚撅。以语之本尊拉郭托巴为例，本尊与明妃相拥不离，表示了空不二法门，绝非西方学者所说的生殖、淫秽之意。叶长青在考察巴底巴旺地区的苯教寺院时提道："巴底巴旺地区的苯教寺院建造精良，寺院中那些非正统的、粗糙的，且具有生殖崇拜倾向的男女神像，提供了无可争议的证据（证明了苯教的独特）。"另一位学者费尔朴对苯教教义并不了解，故此将男女相拥的神像，视为苯教生殖神，更有甚者，用"淫秽""肉欲"等词加以形容。很明显费尔朴在此受到西方中心主义价值论的影响。

中十分常见，且有助于解释后者何以保持自治。在杂谷脑（Tsaku Lao）寺，所有身居要职的喇嘛都是当地头人的亲属，绰斯甲土司的兄弟也是一名喇嘛，雅拉当地首领同样来自一个喇嘛家族。瓦寺的寺院比较小，时常被毁，共有不到100名喇嘛。

当天晚些时候，土司盛情款待我们。他对当下的汉藏时局非常感兴趣。随后的晚餐却令人厌烦，他们不断上菜，最后我们只能假装疲惫，从中脱逃。我们下山用了一个小时，此行收获甚多。

第十二节　嘉戎地区

本节描写了巴底巴旺、绰斯甲、党坝、卓克基（Choga Chi）、松岗（rTsung Kang）、梭磨（Somo）、瓦寺以及杂谷脑、上孟、甘堡等地的嘉戎藏族的现状。首先我要阐明土司与北京之间的关系，其次是喇嘛制度对他们的影响。最后是上述藏区考察事业的前景。

上述地区都在灌县（Kwanhsien）和松潘以西，从东到西距离约有480公里，从北到南约有640公里。这个地区似乎令绘制地图的人不知所措，所以在地图上有的有标注，有的压根没有，相互之间的界标也不准确。一些地图将其归入康区，另一些地图又将其归入成都管辖。个别地方干脆从中一分为二，一半归康区，一半归成都。

比如，为什么把巴底巴旺、梭磨和瓦寺划归成都管辖，而绰斯甲、党坝划到了康区？事实上，所有这些地方都由土司管辖，他们对清政府的命令置若罔闻。他们内部混战时从未取得清政府的同意或援助，也不听命于清政府的军事宣召，从土司这个角度来讲，他们算不上政府的官员①。

无论如何，下面的经历应着重描述。清政府在一些土司那里派驻的军队和官员，似乎只管理汉人。驻军士兵常与当地妇女通婚，后代则被视为汉人。但来此地经商或闯荡的汉人必须受土司管辖。士兵因通婚而本地化，因汉族妇女几乎不来这里，他们的后代讲母亲的方言，沿袭母亲的习俗。当地常有外来者被谋杀，清政府官员也久不上任。1903年，笔者的汉人随从被无故驱逐出绰斯甲。多数情况下，外国人会发现清政府出具的证明只是一张

---

① 译者注：叶长青此段表述前后有矛盾。以瓦寺土司为例，1841年，鸦片战争期间，清政府就曾调各省兵丁赴援，第20代土司索衍传就派出千余士兵参加宁波抗英战斗。作者在前文也提到过参战受封一事。

废纸①。

因此，无论地图上怎样标注，清政府都没能对这些地区实施有效统治。我们有理由怀疑，清政府对该地的管辖只是名义上的。在嘉戎地区的世俗事务上，清政府毫无作为。在宗教事务上，他们承认喇嘛制度。从政治和宗教上来看，清政府权力的范围只到雅州（今雅安）、灌县、汶川和茂州。理论上，这条线以西的嘉戎地区归属成都管辖。实际上，他们丝毫没把成都放在眼里……

茂州和理番厅（今理县）的邻近地区又直接受清政府管辖。杂谷脑、上孟、甘堡都驻有清军，当地首领安分守己。

藏传佛教在嘉戎地区势力庞大，共有格鲁、宁玛和苯教三个派别②。格鲁派地位显赫且人数众多，寺院归属拉萨主寺管辖。当地人与拉萨在族群、教育和宗教上保持紧密联系。所有喇嘛都要到拉萨学习，寺院神职人员的任免由拉萨负责。拉萨对他们就相当于耶路撒冷之于犹太人……

我曾说过，宁玛派的影响在当地不如格鲁派。尽管宁玛派的住持常到拉萨学习，当地人认为它不算正统。较之格鲁派，宁玛派的仪式略显粗糙。从另一个角度来看，宁玛派的寺院和宗教象征与"建制派寺院"略有不同。他们的上师可以结婚，因而显得离经叛道。纵然没有官方认可，清政府也不过问此派。

苯教神秘且有待进一步研究。如果不是看它与格鲁派和宁玛派寺院的外观相似，我们很有可能将其完全排除在佛教之外。很明显，苯教是藏区原有宗教的残余，这也许代表了多数东方宗教体系的基本特点。苯教一直被视为

---

① 译者注：叶长青的描述与事实不符。清末外国人来往边地诸事，清政府官员早有应对。赵尔丰在奏章中有如下表述："顷据察木多粮员刘廷显禀称：五月初七日，突有英传教士罗佛、美牧师徐麿生并随从人等，来至该台。蛮民等突然见此，颇觉惊骇，大有肇事之意。经该粮员再三开导弹压，始无他虞。而该英人等径欲取道入藏，经该粮员婉辞拒阻，又拟由乍丫、江卡赴巴塘，该员告以藏人在彼练兵，去必生害，始由德格折赴巴塘。查外人游历，必有中国官员护照，指定游历处所，所到之处，地方政府认真保护，关外尤非内地可比。巴、理两塘早有外人在彼……已属习见。然巴塘尚有两次杀毙教士之事。德格现在驻兵，一时可无虞，至察木多虽设有台站……向不受汉官约束，几与化外无异。该牧师等蓦地前往，倘为蛮人所害，该粮等既无保护之责，亦无保护之权。应请大部转商各国公使，凡外宾住居某省，欲在内地游历，必须有本省督抚护照，欲在关外游历，必须有边地各大员护照，方能作准。盖必知其权力所及，始可填给护照。并将游历之地，填注明白，即当照此游历，以昭慎重而专责成。倘无护照，或游历在护照之外，无论有无设官之处，一概不认保护，如遇危险，咎由自取，与人无涉。"详见吴丰培：《赵尔丰川边奏牍》，成都：四川民族出版社，1984年，第152页。

② 译者注：作者在此错误地将苯教归入藏传佛教。

是"格鲁巴"①或正统佛教的敌人，因而受到无情的镇压。苯教在许多方面反抗正统，苯教徒不念诵六字真言，转经时按逆时针从左到右旋转。

　　苯教神灵体系与格鲁派和宁玛派有较大差异，显得较为独特。临卡石和巴底巴旺的苯教寺院保存完善……住持坚信，苯教的万字符被藏人视为"雍仲"。"雍"（Chyong）或"嘎鲁达"（Garuda），一种神秘的鸟②，在苯教中地位重要。它被视为丰收的象征，也被看作神灵的下属。

　　尽管曾受镇压，但相比其他宗教，苯教在当地人心目中很有分量。我发现苯教寺院的住持都十分友善，可见他们的德行并不亚于所谓的正统佛教同行。苯教最高神被称为"Zun Zang Nam Sum"③。

　　嘉戎地区可以成为最佳考察地。该地离汉区近，又离其他地区远。灌县可作为嘉戎考察地的总部。通往松潘的道路途经灌县，可从威州到理番厅。应该对灌县以西未知且人口众多地区开展考察，从灌县到杂谷脑只需四天。从灌县到位于嘉戎高地中心的懋功厅（Mow Kong）④需要8天，当地驻有清军。从这里可以接触梭磨、党坝、绰斯甲、卓克基和松岗以及穆坪土司一带无数的小部落。来自雅拉、巴底巴旺、革什扎和东谷以东的人汇集到丹巴。这里可以成为面向北部金川和小金等地的嘉戎人口考察基地。卓克基和党坝离丹巴也只有4天路程。

　　该地寺院与僧人的分布如下：巴旺，300名喇嘛；临卡石苯教寺，120名僧人；同一地区的格鲁派寺院，350人；受清政府支持的大寺在金川，有500名僧人。这个地区所有的僧人加起来超过1500人。

　　除当地剽悍的民风，再加上某些外人无法理解的习俗之外，该地其他条件相当不错。我非常怀疑在中世纪时，嘉戎地区就是东女国，首领是女性，

---

① 译者注：即格鲁派，藏文"善律"的意思，表示正统。
② 译者注：即鹏鸟或大鹏鸟。
③ 译者注：叶长青标注的读音或许有误，苯教中没有哪位神灵名称的读音与之相似。
④ 译者注：今小金县。

属于母系氏族①。这一制度仍留有残余。据说统治党坝的就是女性，梭磨亦是如此。在巴底巴旺，当下最有影响力的是一名妇女。可以断言，这些地区除了喇嘛外，最具影响力的就是女性了。

嘉戎地区的人口估计如下：巴底巴旺，20000人；绰基甲，150000人；梭磨、临卡石、松岗、党坝，310000人；革什扎，12000人；瓦寺和穆坪，30000人；金川和小金，30000人；杂谷脑等，30000人，一共582000人。数据统计并未包括大渡河源头至松潘南部一带的大量人口。

嘉戎一带居民以50~500户为单位组成定居点，多数地点适于防守，定居点位于从山顶无法到达的高山一侧，俯瞰上山道路。所有房屋都以防守的目的而建造。房屋用石头砌成，一般是三层，也有四层的，屋顶是平的，建有碉堡，墙壁上开有孔洞和窄小的窗户。最下层是羊圈、牛棚、厨房和客房。当然，房屋没有烟囱，我们不知道到了晚上，门窗紧闭时，住在上面的人要如何才不被呛到。屋顶则用来从事宗教活动、吃饭、睡觉和娱乐，丰收季节也用来打谷子。

汉人完全掌握了这个地区的贸易，可直接在土司家里或寺院中交易。嘉戎当地人发现采掘大黄、首乌、薄荷、甘草利润丰厚，可以到灌县去换取衣服、茶业、饰品和刀具。本地原产黄金，但有些地方矿源枯竭，有些地方因地处宗教场所而被喇嘛禁采。

嘉戎地区以农业和牧业为主。山谷间种满了玉米、大麦、小麦、燕麦和荞麦。园中种有白菜、豌豆、豆子和各种水果。人们在山坡放牧牛、羊以及马。主要食物来源是奶和黄油，加上羊肉、牛肉、野生禽类和鱼。马一般卖给汉商，羊毛则织成衣物自用。

嘉戎也是康区的制枪区。梭磨及其他土司制造枪支卖给汉人、牧民和当地土匪，嘉戎出产的枪畅销全藏区。他们也是有名的建造师，自己的房屋、堡垒和高塔充分展示了他们的高超技艺，不少人前往成都平原从事修建工

---

① 译者注：据《旧唐书》记载，隋唐时当地系东女国。"东女国，西羌之别种，以西海中复有女国，故称东女焉。俗以女为王。东与茂州、党项接，东南与雅州接，界隔罗女蛮及白狼夷。其境东西九日行，南北二十日行。有大小八十余城。其王所居名康延川，中有弱水南流，用牛皮为船以渡。户四万余众，胜兵万余人，散在山谷间。女王号为'宾就'。有女官，曰'高霸'，平议国事。在外官僚，并男夫为之。其王侍女数百人，五日一听政。女王若死，国中多敛金钱，动至数万，更于王族求女二人而立之。大者为王，其次为小王。若大王死，即小王嗣立，或姑死而妇继，无有篡夺。其所居，皆起重屋，王至九层，国人至六层。其王服青毛绫裙，下领衫，上披青袍，其袖委地。冬则羔裘，饰以纹锦。为小鬟髻，饰之以金。耳垂珰，足履〈革索〉靸。俗重妇人而轻丈夫。文字同于天竺。"详见刘昫：《旧唐书》，北京：中华书局，1975年，第5277页。

作，譬如建造大坝、城墙、庇护所等。

因河水湍急，大渡河无法作为水路使用。因此，在丹巴和小金地区，当地人只好使用牛皮圆舟运送乘客和少量货物过河。事实上，懋功以北的地区没有苦力，运输一般靠骡子、小马或牦牛。

妇女在嘉戎的地位毋庸置疑，为了证明这一点，她们必须抛弃温柔这类女性特质。嘉戎妇女的生活充满艰辛：她们不仅种地、放牧、卖农产品、砍树以及背水，还得在家做饭、制衣、洗衣，甚至充当管家，这通常是男性的工作。如此一来，女性在外表和行为上显得粗犷，不像女性了；男性通常表现出西方人心目中的平和与精致。在外人看来，女性并没有显示出受虐待的情形，她们似乎习惯于这种自由的外出生活，看起来并没有不高兴或筋疲力尽。嘉戎地区小家庭居多，儿童一般比较健康。女孩一般在17~20岁之间结婚。康区所谓的"临时家庭"婚姻形态在嘉戎地区几乎没有。

第二章 乡城游记

鹤庆（Hoch'ing）、丽江和永宁（Yongning）以北地区被杜哈德（Du Halde）称之为"喇嘛之地"（the Land of the Lamas）。乡城可能是这片神秘之地的中心，同时也是云南与四川边地争论最多的地方。1907年，当地最牢固的寺院（桑披寺）被攻占，标志着边疆乱局达到了高潮。作者于同年晚些时候来到这里，并向西向北持续旅行了400公里左右。我从翻译及与官方关系密切者那里得到了许多相关的资料，只是部分遗失了。清政府计划恢复混乱地区的统治，该计划曾经公开讨论，丝毫无人怀疑它的艰巨性。那是很早以前的事了，但即便是现在，历史学家和政治家对此也很感兴趣。与此同时，我们必须要记住这是首次穿越"喇嘛之地"的行程。据我们了解，即便有三四个人曾经到过某些地区，他们的经历也没有出现在英语世界的记载当中。

下面的记述以一本日记为基础，它发表于27年前的《北华捷报》（*The North-China Herald*）中。该日记向读者讲述从巴塘到乡城240公里的行程，介绍寺院和邻近地区的情况，包括从乡城经稻坝到理塘长达336公里的行程。第二、三部分当中所记载的更大的地区是欧洲人从未去过的神秘区域。

第一节 前往乡城

1907年9月初，茂尔与笔者一起离开巴塘前往乡城，这个地区极其闭塞，民风彪悍。所谓的"莽荒大本营"几个月前已被攻占，这对我们而言是个吉兆。但要穿越长达576公里的未知地域，又是一次不可思议的经历。离开巴塘的第三天，在距离桑披一半路程的地方，我们离开大路，在波密低海拔地区找到一处地方休息，这里的头人治下有50到100户人家。据说，这里随处可见的贫穷景象是以前的巴塘土司横征暴敛的结果，大量向外的移民也造成了当地人口急剧减少。这里的寺院不大，尽管当地人很贫穷，但都十分虔诚。现在这个地区由一位清政府的官员管理，他住在巴塘路上的桑披。

第二天我们前进了65公里，从定曲河顺流而下穿过长着橡树、桦树和云杉的森林。经过长着杨树的沟壑，我们来到海拔3300米的定波，这里种着萝卜和某种谷物。一路上荒无人烟，地上的野草和我们的马一样高，表明这一带没有牧民。然而，定波大约有100户居民，人口稠密而且欣欣向荣。我们的下一站是60公里外的火竹。我们继续沿着河流左岸前进，穿过橡树森林，一路上看见了不少勤俭的山地藏民。大约走到一半时，我们来到正斗，它坐落在一个土地肥沃的盆地里，村里有65户人。离这个聚居地10公里外有一条道路通向中咱（Tsong Tsa），两天便可抵达那个住着1500人的地方。继续向南，在乡城和屯子之间有一个地区住着350户人，到目前为止还没有被"屯军守备"纳入其管理之下。

从元根离开定曲河，向东经过建有堡垒的帕冲拉卡（Pei Zong La），再向下来到火竹平原，这里农田广布，两侧的山脉中建有堡垒。这里的居民共计有100户人，寺院里有400名僧人。当地的首领为我们接风洗尘，其治下有400户人，统治的地区一直延伸到正斗和定波。理塘和巴塘的道路在此汇合，这里的市场是乡城与成都之间贸易往来的唯一市场。火竹在效忠清政府的同时，也小心翼翼地保持着与乡城的友好关系；危机来临时，双方都尊重其中立的立场。

尽管有各种各样的谣传，我们还是在25公里外找到了马帕拉（Mapa La）和通往乡城海拔4200米的寺院的大路，由于海拔不高，所以这次上山的旅程就轻松了许多。山顶平原处长满落叶松，仿佛是奥伯龙（Oberon）的大本营。几个月前这里还被强悍的当地人把守着，他们关注着来自内地的外人，把他们赶回去或是抢光其财物，再按头人的意思把他们释放。

由于马帕拉海拔较高，乡城的群山和山谷，以及大寺院的墙壁和其他建筑都能尽收眼底。自然而然，我对此的反应就变得不同寻常。我是第一个踏上这片遭受亵渎的仙境的欧洲人，也是第一个关注这些农场和城堡的外国人。当地的寺院盛极一时，当地人也曾安逸地住在那些久攻不克的堡垒当中，遮蔽在雄伟山峰的影子之下，如今却因不公正的待遇而身陷饥寒交迫的境地。命运将引领我们迅速进入它的大门，我们毫不畏惧，而是选择另一条好路，它最终会引领我们进入这个所谓的"莽荒大本营"。

第二节 乡城事件

乡城的寺院建于150年前，有2200名僧人，按理说，它是理塘的属寺。在以前的地图上，附近的地区标注着一个名叫拉羌厅的神秘城市。藏文的名称是"Ch'a T'rid Gonpa"，在康区（Khams）一般叫作桑披岭（Sam P'ei Ling）。乡城的寺院坐落于长满荆棘的坡地上，倚着突出的山脉，前面是喇嘛丫（Lama Ya）河高高的堤岸。这样一个在规模、财产、力量和神圣程度上都不断增加的寺院，却因政治和道德恶劣所带来的等级与贪婪而埋下祸根、种下恶果[1]。事实上，乡城，这个"残忍"的代名词，数十年来一直是朝廷官员的眼中钉、肉中刺[2]。

1902年，我在距打箭炉60公里外的地方活动时，就听说一些人在秘密讨论征讨事宜。随后，一位清军将领被乡城的喇嘛狠狠地修理一番。毫无疑问，平定这样一个麻烦之地就成为赵尔丰计划日程表上的重中之重。出于计划困难程度的考虑，他小心翼翼地采取行动。同时，以骁勇著称的当地藏民也开始毁坏房屋，转移物资和牧场。当清军把乡城的堡垒团团围住时，城内的人将之视为笑话，他们喝酒、祈祷，将此地变成了大乘佛教教义中的"乐土"。他们并未想方设法地对付进攻者，反而用古代亚述人都难以企及的残暴来激怒朝廷官员。

接下来的事实恰好证实了这一点。清军进驻后，7名无知的士兵在一个云南喇嘛的误导下，错把寺院当成军营，进入后就被抓住了。随后，6个人被折磨至死，剩下一个被放出来传话。

不久，报应就降临乡城。赵尔丰姓魏的翻译以及一位目击者告诉我们，事情的经过是："十多年来，朝廷不允许汉人接受寺院的管辖。乡城寺的住持本应受理塘寺管辖，这个恶人因大量行贿被达赖喇嘛封为乡城的首领。官员受辱，朝廷权威受损，秘密的战备要道被严加看守。寺院加强防护并贮备大量物资，从隐秘的山泉通过黄铜管道向寺院增加了淡水供应。赵尔丰在喇嘛拒绝会谈后，于11月28日向这个'龙潭虎穴'进攻。此后六个月内，每

---

[1] 译者注：据刘赞廷记载，乡城"桑披寺正殿上盖金瓦，其宝顶高丈余，光辉夺目，形势庄严，僧舍仓廒千余间，为楼房，有碉楼数座，高皆数丈，诚为西康寺院中之杰筑"。详见刘赞廷：《定乡县图志·治所》，第19页。

[2] 译者注：光绪二十四年（1898年），清军游击施文明率兵到乡城桑披寺解决上年该寺僧人残杀理塘守备李朝富事件，被桑披寺僧人扣留，折磨至死事件。

次进攻都以失败告终,这不禁让人想起以往的传说:这里受神灵保佑,无人能将之攻克。"

（当时）空气中弥漫着兵变的气息。赵尔丰接连处决了好几个卫兵,采取屠杀手段才稳定了军心。无论如何,乡城有水供应,这让朝廷无计可施。贿赂、拷打和人力不懈的投入,都没能找到水源的秘密供应点。事情突然发生转机,一位居住在50公里外的老喇嘛愿意揭露这个秘密。他对桑披寺的结构一清二楚,并愿意画出地图。由于年老体弱,他不可能来乡城。当赵尔丰了解到这情况后,便派出了一队卫兵和一匹好马前去迎接这个告密者,把他带到乡城。他所提供的信息以及水源系统为战役的胜利起到了至关重要的作用。赵尔丰立马身着官服,在老喇嘛的陪同下,带着大队卫兵与翻译,来到地图上标注的地点。其间,桑披寺堡垒放出的火烧伤了一些随从,甚至还烧到总督大人的官服。尽管如此,寻找水源的工作也未停歇。最后,在地下3米深的地方发现了寻找多日的导水管道和供应城堡水塘的水源。

即便如此,城堡里的人也没有绝望。浓郁的露水、季节性雨水,加上从水泥般坚硬的地上挖坑蓄水,让形势有所缓和。因此,寺内的人开始工作,热心祈祷,然而这一切都是徒劳的。16天后,上苍对这些人的祈祷也充耳不闻。即使饥渴难耐,这些人还是拒绝投降,因为他们坚信稻坝会伸来援手!可是正相反,他们派出的信使被俘后受尽拷打,并未完成使命。清军在其身上搜出信件,该信件揭示了桑披寺的绝望境地。这封求救信让赵尔丰眼前一亮。他从打箭炉派出一百多名士兵,从外地调来30名翻译,安排他们在山侧宿营,晚上用藏语向堡垒里面喊话:"开门、开门,我们是来自稻坝的朋友!"坚固的大门终于打开了,清军在夜色的掩护下冲进寺内。

即便如此,乡城仍未失守。守城的人集结起来,向猛虎一样作战。直到第二天晚上,清军仍与守城者鏖战;但到了第三天的早上,这些饥饿的守城者终于熬不住了。不久,清政府的龙旗便飘扬在乡城桑披寺的上空。住持在攻陷前几个小时就自杀了,他的30名爱妾的尸体吊在那

第二章　乡城游记

不显眼的栏杆上①。

据说，这次战役损失惨重，约2200人伤亡，攻城战的伤亡人数约250人，这个数字较为可信。因为当时守城者不到1000人。我们了解到，此前，许多人早已逃跑，城内的一些年老喇嘛也幸免于难。从那时起，桑披岭作为寺院便不复存在，只留下一个城镇的名称载入史册。

乡城的寺院控制了东经99.30~101度直到北纬28~29.30度这个范围之内的地区，约有15000~20000人，多数是农民，他们饲养了成群的牦牛和其他牲畜。因不受土司和朝廷的管辖，加上喇嘛制度固有的互利互惠，几乎每个家庭都有人出家为僧，因此每个家庭都确保从这一制度中得到好处。

该地区十分适合非法走私贸易。如奴隶商队穿越这一地区前往门空（Man Kong）。人们并不清楚乡城人的来源，但基于他们的服饰和建筑，以及周围人群的差异，根据旅行者的个人意见或判断，他们的祖先来自卫藏或者其他地方。在任何情况下，杜哈德都不愿意把他们归入藏族，这在下列文字中表述得十分清楚：

> 居住在藏区的鞑靼喇嘛（Tartar Lamas），他们当中最富有的和人数最多的一支在汉区被称为蒙番（Mongfan）。他们是丽江土府以北，金沙江（Kin Cha King）和无量河（Vou Leang Ho）之间大片土地的主人。

---

① 译者注：据四川总督锡良等报，攻占桑披寺的经过是"既逼敌境，该逆麇集最险之马格喇山，凭高死拒。我军复力战夺之。上年（光绪三十一年，公元1905年）十二月之杪，诸军毕会于山下，乘胜攻夺炮碉三十余座，据险环屯。经赵尔丰等亲临前敌，周度形势，环寺皆山，寺倚山麓，寺外筑石城二重，中实以土，坚固异常，曾以三磅炮连击不少动。附城错列坚碉十余座，后山石碉守之尤严，四近各悍番居屋皆建碉楼，栉比鳞次，殆难胜数……该逆知我为持久计，昼夜叠出攻袭。月久以来，几于无日不战，无战不恶，均经奋力截击，斩获甚众，我军亦时有伤亡。其间，该逆复出兵攻杀投诚之上乡城获罪在逃理塘正土司四朗占兑，又煽构后路僧土围攻稻坝村之护粮营哨，赵尔丰等皆分兵救援。适二月间，连日大雪，粮运亦阻，各营胥苦饥疲，事机益亟。赵尔丰忍饥督战，为士卒先，激励奋揎，全军感奋。因该逆弹药储备甚足，屡开地道，复被阻截，深恐旷日老师（原文如此），计惟断其后山汲道，以致死命。经巡防新军左营管带吴俟督队麋战，破碉夺山，竭三昼夜之力，将其水源堵掘，逆情始渐惶迫。关内运赴之七磅炮亦至，遂饬各营并力合围，肉搏进攻，各坚碉以次摧破。复射檄晓谕，数胁从自拔来归，数日无应者。闰四月十八日初更，我军正在奋攻，该逆匪四面突出，抵死猛扑狂奔，各营环击，毙匪无算，后路伏兵复邀之，鲜有幸脱。时寺内悍匪犹开炮轰击，吴俟与该营帮带丁恩荣首先梯城而入，匪遂举火自燔寺屋，各营分投夺门，立将该寺攻克，亟灭其火，分队搜擒。该逆普仲乍娃已自缢寺内，陈尸认验，确系正身。其余凶恶渠魁桑吉登朱等十二名暨滇省竹林寺通逆悉数伏诛。旋赵尔丰等将擒获助乱番僧百余名逐一讯供，多系胁从，仅戮著名悍党四人，余皆遣归故土，罔不同声感泣，誓革前非。其附近各番，早经加意安辑，一律平靖"。详见四川省民族研究所：《清末川滇边务档案史料》，北京：中华书局，1989年，第80页。

无量河当然是在理塘或理楚（Li Ch'u）境内。清政府几乎很少对这类事采取极端手段，重建和融合历来是不二之选。因此，乡城的未来也需要这种方法。事实上，清政府已经开展了相关重建工作，现在寺院成了政治中心。对此，我们只能表示赞同。这个海拔有3000米高的要塞，无疑处在该地的中心，四面道路通畅。从云南到打箭炉、巴塘的道路也要经过这里。另外，山坡、平原和山谷中可耕种的土地有许多，也易于耕作。山上有广阔的用于放牧的草地，可用来补充农业产品。夏季，天气湿润；冬季，气候温和。每年能种两季谷物，包括玉米、小麦、燕麦、大麦、萝卜、荞麦和多种蔬菜①。

　　前往上乡城的旅程中，我们对寺院中发生的事情有所耳闻。那些曾被战火毁坏的乡村土地里的庄稼已经成熟，我们看到当地仍有许多人和牲畜，便对所谓"大屠杀"说法持保留意见。这里没有多余的地方可供外人居住，出于各种原因，来此地的民众迫于环境的压力会与当地藏族妇女通婚，如此一来，就让所谓"融合政策"有了新的转变。当然，一般的观点认为喇嘛制度已经消亡。但那是昨天，可能明天过后，它又会焕发生机。乡城远离内地，明智的做法是先不要企图一开始就完全控制这个地区，应在政府的协助下，让友善的土司或喇嘛组成地方机构加以管理。200多年前，清政府就认为这样做是必要的。

　　我们收到的第一个礼物是动物的头，茂尔指着它开玩笑。随后，一头发狂的动物把我们的一个汉人向导掀下马，他站在地上愣了一两分钟。最后，离清政府军营二三公里远的时候，我的"布赛佛勒斯"（Bucephalus）终于在异域的压力下崩溃了，发起狂来仿佛是行军途中的一匹疯马。由于身患痢疾两个多月，我的身体相当虚弱，加上马鞍不合适，自己的骑术也不好，我立刻从马上摔下来，一只脚牢牢地嵌在藏式马镫里，身子却吊在马和布满石头的平原之间，马儿撒欢着，向远处跑去。

　　因脚力确实出众，马不停地向前跑，有时它也停下来喘气，试图狠狠地踩我几下。幸运的是，这让我有机会抓住它的腿，并死死地勒住这个"敌人"的缰绳，让它不再乱跑。当我出现短暂昏迷时，这头畜生又自由了，迸发出令人胆寒的活力。然而，这种活力加上一路上的障碍物，让绑着脚和马

---

① 译者注：据刘赞廷介绍，乡城"所属以二郎河为产粮之区，沿河两岸南北二百余里，悉为田，土质肥饶，气候温和，每年两季，在未设治以前，所产有大麦、小麦、青稞、豌豆、菝、粟等。嗣后，设立农业试验场，教稻棉苹菜蔬，同一内地，而山田旷野，乃因所属地广人稀，作为牛厂，半耕半牧，诚为塞上一丰富之区"。详见刘赞廷：《定乡县图志·地质》，第24页。

镫的带子松掉，因此，我才重获自由。但此时我已意识模糊，几条肋骨折了，从头到脚都是严重的擦伤，身体后背和右侧磨掉了很大一块皮。在寺院休息几天之后，伤口还是疼痛难忍，我和同伴开始了最后一站的旅程：向北前行200多公里到理塘，穿越理楚河右岸未开发的地区。

第三节　沿途所见

我们在9月22日离开乡城，沿着河岸前进了15公里，渡河来到左岸，骑马穿过一片肥沃的平原，来到一个深谷。人们想尽方法灌溉土地，大片耕地和丰厚的回报表明，当地藏民能像世界上任何地方的农夫一样自给自足。该地人口众多，大都组织起来了。当地的民居完好无损，但寺院早已被毁。据说，云南的边界离这里仅有60公里。途中，茂尔出于同情心用一大笔钱买下一个汉人渔夫的几条小鱼。事实证明，他的友善却被浪费了。这个男的实际上是一个退伍的士兵，用"抢婚"的方式娶来一个寡妇，还拥有一间面粉磨坊。最后，他在合适的环境中开始新生活。我们在某位牧民妇女的帐篷里度过了一段煎熬的时间。

第二天早上三点半左右，我们随行骡夫的行动惊醒了众人，他们冲出去打成一团，后来在众人的劝阻下才没有杀掉那两个无辜的人。我们不得不继续前进60公里。距离温泉不远处，我们来到一个阴暗的山谷，藏军曾在这里把一支清军围困三天。我们继续沿路上山，穿过一片森林，来到被冰雪覆盖的毛垭山顶（沸点84.2摄氏度，即时气温10.5摄氏度）。下山走了10公里左右，大约在下午5点，经过了塔戎谷（Tarong Go）牧民营地，一条流向南方的河流出现在我们眼前。我们打算渡河，穿过一些牧民的帐篷后，我们最终来到了土地肥沃的毛垭定居点，这是一个位于山顶的风景如画的城堡。

毛垭有四处聚居点，共有60户居民。此地以土地肥沃而闻名，但受海拔影响，当地只能一年一熟。当地人与乡城人不同，他们名声良好，与他们的邻居不可同日而语。举例来说，妇女的头发散落在肩膀上，蓬松而美观，我们以人类学的视角来观察其面孔和四肢，可以确定这是另一个族群。他们的建筑也可以作为佐证。与乡城使用黏土和砾石的建筑不同，这里的房屋是用整齐的方形石头加上黏合物精心修建的，房顶也没有采用一般藏式的泥制平顶，而是采用人字形的尖顶，这与汉区的不同，却比它高级。房屋所用的石板质量也不错。

从毛垭出发50公里后我们来到稻坝，这里的自然环境极其恶劣。在经过令人愉快的拉莫聚居区后，我们轻松穿过绿色山谷来到荒凉的拉莫山顶（沸点84.4摄氏度，即时气温3.3摄氏度）。骑马下山前往上稻坝时，一场倾盆大雨把我们浇了个透心凉，胸膜炎和折断的肋骨引起的疼痛让我痛苦不已，这一切让我的朋友和忠实的同伴处于一个尴尬的境地。当地头人在城堡的盛情款待，对茂尔而言是一次难得的滋补，对我而言却是镇痛的良方。

　　稻坝在很多方面都令人着迷。稻坝是位于东经100～101度向南延伸的平原当中海拔最低的。从一些地图上看，稻坝的中心应该位于理楚河岸，但这只是绘图者的猜测而已，实际范围要比图上的大。这个平原的地势高低不平，仿佛《格列佛游记》中大人国里面生姜的根。北部地形凹凸不平，向南逐渐缩小；在中部有一座显眼的山峰被一条河流（同时也是道路）一分为二；最南端连接着一个狭窄的山谷，这是下稻坝的永久中心；再向南还是一个峡谷，从中出来的河流流向未知的方向。东部和南部的高山之间有一块狭小的空地，牧民们在此建起了大量的民居，每年都平整土地以便耕种小麦、燕麦和萝卜。部分房屋建有山墙，屋顶上铺着石板。稻坝大约有1000人居住。

　　9月25日。我们骑马来到平原，向上行进数百米后住宿在奔波（Topo）寺里，一小队清兵和一个归降的喇嘛取代了原来的居民。这个地方离平原有5公里，位于一处美丽的野橡树森林下面。

　　9月26日。第二天是这次旅程中最值得纪念的。我们很早就离开寺院，沿着稻城河的左岸向色拉前进。中午时分来到桑堆，这是一个海拔高于肥沃平原的大聚居区。当地人口多，且农业发达。从桑堆出发，我们穿过橡树森林来到孟可拉（Mengko La），绕过山侧的森林，来到住着一位当地首领和一百名农夫的省母乡。

　　我们离目的地拉波还有15公里远，因不听他人劝阻，天公也不作美，我的胸膜炎引发了疼痛和高烧，我们怀着狮子般勇敢和粗浅的常识，在如此糟糕的情况下，向着省母垭口东北方前进。但在到达拉波之前，我们必须在森林里穿行5公里。从支离破碎的高地向东和南眺望，所见的情形让我们有种不祥的预感。阴森的天气、幽静的夜晚、密集的云层，以及未开发的地区上令人不寒而栗的深渊峡谷，眼前的一切让人觉得仿佛置身地球的边缘，或是通往荷马所说的西米里族人（Cimmerian）的大门。事实上，这只是一种预感，我们很快地把细节记录在案。

　　向下的山路非常陡峭，越往下光线越暗，莫名的乐观让我们认为一切尽

第二章　乡城游记

在掌握之中。可困难说来就来：首先，阵阵雷鸣过后，天空下起大雨，接着天色阴沉暗淡，以至于想看清楚驮着行李的牲口都很困难。接下来的瓢泼大雨和疼痛迫使我不得不下马，我的鞋子很快就陷进淤泥里了，我只好穿着中式短袜继续前进。我们不止一次迷路，灾祸接踵而至。譬如，茂尔的马受惊，把他摔到泥潭里。为什么要详细叙述这些内容呢？如同所有的不幸一样，我们这支饱经风霜的队伍最终到达藏族官员的大门前，发挥聪明才智后，两个欧洲人弄到了一顿算不上丰盛的晚饭，然后便裹着还比较干的毯子进入梦乡。拉波的官员治下有一百名农夫。

我们于9月27日一早便离开了拉波，在富饶的草地上骑行了数小时。帐篷、石头棚屋以及成群的牲口无疑让我们感受了这个地区的真实状况；房屋的废墟、灌溉用的水沟和荒废的农田却向我们暗示曾经发生的悲剧。在拉波以北30公里的地方，我们穿过长着云杉、落叶松和橡树的森林，来到通道的顶点，一处美丽的山谷。高原上地面下沉和地势缓慢地上升让我们确定这里是曲拉（Ch'u La）。从这里开始，我们骑马走过长满草的坡地、峡谷中的森林，经过牧民的帐篷和淘金者的地盘，终于到达了热其赫（The-O），这里有两个受理塘管辖的营地。

9月28日。我们向西北方穿过一个深谷来到多波（Dobo）通道。四周都是常见的树木，长满青草的平原和山坡组成了牧区的一部分。在山顶附近，我们遭遇了一场大风暴，我骑的牲口走不动了。因此，我不得不忍着疼痛徒步登上4800米的山顶，在狂风暴雨中竭力操作测高仪，却不幸失败了，但在4500米的地方操作测高仪，我们却成功了。

晚上，我们来到了藏坝大平原，这里海拔比理塘低180米，大约100名农夫在此耕种，农场和房屋在小溪对岸。和热其赫一样，这里的房屋也是用泥土、沙石和花岗岩草草修建的，这说明他们还没有完全脱离牧民的生活方式。乡城妇女头上没有饰物，毛娅妇女的头发蓬松凌乱，这里的妇女和理塘妇女一样，背上和鼻子上都有装饰品。

9月29日。今夜寒冷又煎熬。整晚待在潮湿的毯子里让茂尔决定"累"马加鞭，在一天之内行进65公里到达理塘。此时，生活对我来说就像是梦一般漫不经心，我轻松迅速地走过15公里的路程到达理楚河岸。显然，我作为一名"食莲者"（Lotus Eater）① 并没有丧失理智，对一大片寺院和壮丽城堡的废墟丝毫没有兴趣。木拉与藏坝、濯桑相连，有800名居民。幸运

---

① 译者注："Lotus Eater"一词源自古希腊神话，指吃了忘忧果后，忘却回家之事。

的是，这是日记中所记载的最后一个地点，这 3 个月的考察经历让人精疲力竭。到了中午，我们离理塘有 30 公里。天气晴朗阳光温暖，我们顺着一条好路前往扎克拉（Drak'a La），下午三点钟左右，一场大冰雹迫使我们停留了一个小时，其中一队人想在一个小寺院里住宿，它位于石灰岩悬崖下面，崖顶是森林。茂尔建议继续前进，往下走了一会儿，我们就来到了大平原的南部边缘。茂尔先行一步到理塘去为他生病的同伴打点一切。

离"避风港湾"还有 7.5 公里时，黑暗吞噬了我们。不一会儿，天空开始下起大雪。我们的车夫心里在想什么无人知道，谋杀还是抢劫？可能都不是，但他们确实绕了一大圈，在峡谷附近和一个面善的营地成员商量了一会儿。最后，他们决定把我送到理塘，在泥泞和崎岖的路面上挣扎前进。茂尔离开两个小时后，因各种原因受阻的一行人终于到了理塘。干燥的木材、借来的毛皮，加上白兰地和书信，第一件东西我已期盼 3 个月了。不久之后，发烧引起的疼痛和疲劳，一路上的风吹雨打和当天早些时候喇嘛拿刀指着我的情景，这些仿佛都成了过眼云烟，成了一段令人不快的回忆罢了。

《华西边疆研究学会杂志》，第 7 卷，1935 年

第三章　藏区地理控制对人的影响

地理控制，或人群与环境的关系是对国家而言的，对人类而言是指童年对人的影响。无论何时何地，当我们试图解释为什么人们以某种方式工作、思考和结成社会团体时，都必须承认这一点。

爱斯基摩人是生活在冰屋里面的海岸居民，吃海洋哺乳动物的脂肪，穿毛皮衣服。他们认为，在他们的世界中有一个不可见的全能的神，任何违反神或亵渎神的行为都会招致死亡。这里的地方文化关注生死之间，风和暴风雪代表着恶灵。他们的地狱是永夜的国度，俗世的不便在此被无限放大，天堂会成为企鹅的永久乐园，那里的生灵掌握转变吉凶的能力……前面两个例子里，我们为大地、天空和海洋的运动找到了合理解释。在藏区，类型、习俗和宗教一定与这片土地上独特的地理特征有着直接或间接的联系。

但人类并非无能的奴隶。人永远不会无缘无故地放弃解放自身而屈服于任何暴政。即便是最低贱的奴隶也会最终怀疑大地、天空和海洋并非全能的神，它们的意愿并不是终极的或不可更改的，这一刻最终会到来。早晚有一天他会把自己置身于自然的对立面，凭着毅力和智慧，想尽一切办法让自然界为自己服务。随着时间的推移，他会将以前的暴君变成自己的奴隶。爱斯基摩人通过使用火、船、武器和数不清的冰，改善了几乎绝望的处境。不远处的美国和欧洲，这两个更适于改造的地区同样如此。人们通过某种方法学会取火，企鹅能为人类提供燃料，冰可以用来制造房屋，社会组织得以建立，人们也会用自己的形象来制造正神与邪神，渐渐地极地产生了文明。

我们试图介绍各种各样的情况，以便让结论清晰可见。笔者也希望以藏区为例，向读者展示大自然的残暴是如何制约族群的早期发展，直到人们开始改造大自然。

第一节 土地

藏区是地球上最令人惊讶的地区，也可能是寒带之外最令人难以接近的地区了。它崎岖不平的边界突兀于中国内陆、印度和中亚的平原之外，内部高原上耸立着冗长的山脊，总是处于非常高的雪线之上或雪线附近。如此一来，亚洲的九大河流都发源于这片高原上的神秘地域，它们顺流而下奔向远方的大海，沿途水流进一步改变了不规则的地表，诸多奇异的峡谷诞生了。现在，这些峡谷贮藏了大量的水流。在某些地区，海拔4500米的山脉可能会把最高的顶峰与最低的平地分开，这表明全球北纬24度平行的地区气候变化是相同的。

我们显然不可能在那样的地方寻找人类起源之地，却可以假设人的出现和住所可能源于某些巨大的错误，又或是令人震惊的事故和迫切的需求。纵观中国历史，我们会发现这类情况并找出原因。大约在公元前484年，古希腊历史学家希罗多德（Herodotus）对藏区还一无所知，司马迁写作之时恺撒（Caesar）登陆了英格兰，把这个地方称为神秘地域。英雄张骞曾说在大夏（Bactria）的市场上看到过来自四川的产品，但这些东西是走私贩子从云南偷运到印度的。后来，朝廷同意让这位了不起的人打开四川与妫水（Oxus）之间的直接通道，他的探险却以失败告终。随后，大使和军队抵达藏区北部遥远的河间地带（Transoxania）。七百年后，藏族迎来了历史上一个重要的时期，一位汉族公主来到拉萨。在此之前，汉藏交往甚少。如果需要进一步的证据，我们可以给出这样一个事实，即著名的印度的朝圣之旅路线，它要么不在藏区范围内，要么只是涉及其西部最边缘的地区。公元640年之后，持续前往印度的朝圣者都选择了最迂回的路线，马可波罗也不例外。公元1400年，从中国到印度的路线仍不明晰。从打箭炉通过巴塘和昌都到拉萨的官道直到18世纪初才得到勘测。

从上述历史事件中，我们可以确定，藏区在很早以前就有人居住了。事实上，传统观点认为大约在公元前2225年，舜帝把三危赶到了藏区①。我们得知，稍晚一些，这里是羌（Ch'iang）和戎（Yong）的家乡。舜的时代过去两千年后，这里似乎有许多人了，因为来自汉区的流民极大地增加了当

---

① 译者注：叶长青将"三苗"误写为"三危"。

第三章 藏区地理控制对人的影响

地的人数,最终在本土的羌人中建立了政权。羌人们仿佛赶集似的成群结队前往藏区。在我们所处的时代,听说也有相似的来自印度的移民潮,400 年后又有新的移民从汉区涌入。在最近两次移民潮中,当地的游牧部落屈服于后来者。司马迁曾确认,当地存在大批人群,唐朝的历史也提到,几百年来,成千上万的游牧部落一直不停地向中国西部边疆迁移。有一点很清楚,历史上中原王朝一直被迫同周边强悍的邻居签订条约并和亲。

相同的内容证明藏区是一个天然的堡垒,各个地区的流民不断地涌入这里,都想从它提供的有利条件中分一杯羹。藏区成了反抗者和流民的家园,很明显这些人不会鼓励族群间的相互交流。然而,类似的态度并没有禁止流民以外因素的产生,这些东西是被抵制氛围中渗透出的力量所推动出来的。出于各种原因,游牧社会通过低地道路由北向南移居到新的草地,温暖的山谷同样会为来自云南少数民族的后裔提供相同条件。

我们推测,更早的移民已经适应了所处的环境,四周有利的条件也减轻了生存的压力,后来的人群同样如此。毫无疑问,不同的族群带来了不同的习俗,仅有那些有用的和合适的才得以流传下来。值得注意的是,许多当地人开始持反对意见,当地的环境矛盾会很快得以解决。值得一提的是,还有一件事让人类学家感兴趣,来到藏区的移民主要是男性,女性的稀缺可能是导致独特婚姻习俗的原因。另一种选择是与原有家族的妇女集体通婚,这在自然环境的作用下得以持续形成。以这种方式,不同的外来群体可以像汇入大河的小溪一样被容纳。正如特定的气候条件限制了职业的选择那样,海拔高度也限制了特定人群的肺、心脏和四肢的进化。任何来自同一人群的移民及其后裔,在适应环境的过程中被淘汰,甚至消失,这足以证明,几千年来,只有适应非常规条件的人群才能在世界屋脊上继续生存下去,恶劣条件是不同环境因素的产物,那么藏区就是世界上最难以生存和征服的地区。

为了理清思路,我们对藏区的环境总结如下。最先到达藏区的是来自其他地区的流民,以及那些强壮得足以开发这片地区的人。这里是与世隔绝的荒野,外人难以靠近,且当地出产有限。不愿顺服的藏民先祖让族际间的交流变得断断续续,很不稳定。作为地理环境控制的奴仆,当地人的性格与这片土地一样粗犷而又独特。在这片堡垒中,他们能找到足够的食物、水源和衣物,却得不到教育、文化、宽广的视野,也不能从不同环境的因素中获益。他们身处逆境,这里几乎不可能得到真正的发展进步。缓慢的进步隐约可见,我们将进一步揭开其中的秘密。

第二节　等级制度

这部分中，我们会考察部分改变藏区地理环境控制的因素。大自然似乎在说："这就是我的生存条件，你要么顺从，要么离开，要么死掉。"

倘若不改变，结果会是怎么样呢？我们或许可以从研究一位名叫"帕"（Pat'rng）[①]的志愿者中获得答案，他名字的意思是"小猪"，叫这个名字的人仿佛是一个年代学的错误。一般情形下的发育不良和其他任何病理学原因都无法解释他的情况。毫无疑问，地理环境控制却可以做到这一点。他的名字可能与我们语言中的"小孩""小羊"或"小家伙"类似。但它并不表示姓氏，以及任何与我们西方人的教名相同的东西。对他们而言，变化就像迁徙对候鸟一样必不可少。最简单的计算反而会令他迷惑，因此他最操心领薪水一事。事实上，他急需第三人在身边以确保自己不被人愚弄。他似乎也不能准确说出一年内所需金钱的数量。最后，他得出的数目是20元，这令人吃惊，好像他是独自一人生活。这样一来，他的态度令人不快，他服务的价值也变得无关紧要。接下来就是解雇，可我的不满和他的不称职都没能让他忧虑半分。尽管他的处境和澳大利亚世居民族一样令人绝望，或许我们能将其视为藏区未改变地区环境的产物……

但是，仅从社会组织来判断藏区的情形，我们必须把"帕"是时代错误这种观点排除在外，并且承认藏族是高度文明化的族群。在澳大利亚，人群的社会组织数量一般在150个以内，而且我们明白没有什么力量足以联合那么大数量的游牧部落统一行动。但藏区不同，某些因素让大量的部族联合起来组成一个五六百万人的群体。我们必须分头考察这样一个奇迹背后的原因。假设多年前，来自印度、汉区的士兵和官员在合适的条件下建立诸多地方政权，我们怀疑现在的情况是我们想象出来的。孤立族群的返祖，方言的多样性，同族婚姻以及部族战争都可能是确定而难以避免的反应。今天的情况并非如此。人们跨越难以克服的障碍，从孤立的状态当中走出来，在大约两百多万平方公里的地域中结成联盟。

这类出乎意料的联合只有一种解释：当地的政权组织形式是神权政治（Theocracy），其代理人都是祭司和术士，他们来自藏区各地的不同阶层。

[①] 译者注：正确拼写应为 Pag。

在许多方面，这种令人惊奇的制度让人联想到历史上的犹太教。或许它代表了千年神权（Chiliastic Christocracy）的对立面，也可能是一个致力于解救被检选民族的政权，力量源自摩尼光明、智慧和爱的灵。但这些内容到底是真实的还是人们的想象，我们无从得知。

恐惧造就了藏区政权的结构。严酷的环境控制着世界屋脊，时常令我们钦佩的进展无疑是由于征服人群、自然、魔鬼和因果（Karma）的不懈努力，这一切让生活成为一场噩梦。藏民能够征服这一切，甚至把命运的错误变成对人有利的东西，这有效地证明了他们的远见和适应性。

中原有的地区很好地展现了这种父权制。广阔的平原让家族、部落和小国的联盟成为一个得以实现的梦想，甚至成为一个大的联合。但在藏区，地域有限、山脉连亘且土地贫瘠，这一切都对孤立的部落和厌世者有利。至于这片土地不能提供什么，人人都心知肚明。因此，在适合的时候，我们发现了在藏民心中什么是世界上最需要的东西，以及他们忠于统治者和神的原因。为了排除所有可能出现的错误，神灵的代理人由来自藏区所有不同阶层家庭的僧侣组成。

许多民族都推行过有用而令人吃惊的政权形式。可以肯定的是，在这里唯一有用的是"长子权政治（Fratriarchy）"① 和"神权政治"。在这种制度之下，"神"自然会出生在藏区边缘最贫穷的家庭中，他符合人们对最高意义善的观点，并向人们展示最高境界的德行。他会成为爱、圣洁之光和完美智慧的化身。爱，表示他会把人们从水深火热的炼狱中解救出来；圣洁之光，表示他会驱散黑暗；完美的智慧，表示他会引导无知者进入真理的世界。总的来说，只有他才知道如何脱离因果、消灭本体，最终把人们引入另一个国度，在那里"生苦、老苦、病苦、死苦，爱别离苦，怨憎会苦，求不得苦，五阴炽盛苦"都不复存在。换句话说，就是要将人从永恒的苦难当中解脱出来。

但是，这样的观点体现在我们所说的"异教神权政治"（Heathen Theocracy）中，仅靠这个并不能像今天这样将藏区统一起来。"长子权政治"一词或许说明了一些东西。对他们而言，爱之神的化身意味着令人愉悦的精华。但对所有人来说，喇嘛就如同尼采（Nietzsche）笔下的超人一样，是神与人之间的中介。此外，他还是兄长。

当地人完全曲解了自然的运作，因此成为各种恐惧的奴隶。藏区是一片寒冷艰辛之地，它的"时间"就像是轰鸣的雪崩。许多精通躲避技艺的人或

---

① 译者注：在这种家族当中，家庭事务由年龄最大的儿子或母亲来决定。

许能逃生，可谁又能违抗其愤怒而活下去呢？高海拔地区经常出现令人意想不到的结果。事实上，我们怀疑藏区 4500 米地区的常态与同海拔的其他地区有所不同。任何情况下，大多数人能证实贫瘠的顶峰和冰冻的荒野会导致人们异常的恐惧，而且对恶魔的预感也很普遍。风暴、低温、雪崩、地震、致命的疾病、四处蔓延的土匪、冷漠无情的邻居加上麻木的官员，让人们的"生存"如同"受难"。同时，精神世界也是现实世界的反映。很大程度上，藏民现遭受苦难的原因将保留到将来并被无限放大。因此，最重要的是发现任何能对抗恶灵与冷漠人性的力量。

这就是喇嘛宣称其拥有的灵性力量。没有喇嘛制度的法力与僧侣制度的政治力量，藏区就会沦为反复无常的灵性世界的工具。这片土地上，冷漠的官员或许会对其进行无情的剥削，因为对藏民来说，他们似乎无法从藏传佛教中解脱出来并获得自由。

有人指出，爱与圣洁之光作为神的化身可能不会产生什么实际效果，或许喇嘛与汉区的和尚和道士一样具有负面意义。那么，一个模糊的假设何以成为一个难以估量的可行因素呢？广袤地区中形成的某个松散联盟，何以成为一个像山一样坚固，像自然力一样全能的群体呢？可能的答案是：借着圣城（Holy City）、神都（the Capital of the God），这个僧侣的训练营，吸引四面八方虔诚的朝圣者来此。在古代，因为它远离中央王朝而成为地方政权的中心。对于逃亡者来说这是行之有效的办法。如同刮胡子一样反复熟练地操作，凭借藏传佛教的吸引力，把这些东西合为一体，反抗人类与自然的暴怒。事实上，拉萨成了地上的天堂，无数双眼睛所注视的北极星。从古至今，拉萨都是中国全藏区人文的中心，包含了艺术、财富、美、欢乐、神秘、知识、拯救、正义。这里是至高的神的住所，它也给予"长子权统治"半神圣的组织以尊严。

上述内容并未包括全部的东西。从严格意义上来讲，这片难以存在城镇的大地却是理想的居住地。从拉萨佛学院毕业的僧侣在回到遥远的家乡后，会让他们的家乡成为当地的中心，就像拉萨是藏区的中心一样。因此，藏传佛教反映了拉萨的文化，人们模仿其崇拜仪式，复制其贸易模式，开启了朝圣仪式、欢乐的游行以及相关的指导，这成了牧民与达赖活佛之间的中介。圣城对活佛来讲是必须的，有人怀疑那些类似拉萨缩影的城镇是确保藏区统一的有效途径。利用僧侣与民众保持联系，可以直接宣扬拉萨的理念，这是一个令众人满意、两全其美、必不可少的过程，可让人们走出族群回流，再融入藏区"耶路撒冷"（Jerusalem）的潮流当中。在一定程度上，学者们已经

第三章　藏区地理控制对人的影响

讨论了藏传佛教的巨大影响，我们有必要进一步研究一些更深层次的内容。

喇嘛宣称自己是人与精神世界的桥梁。这方面，地理影响非常明显。藏区这样的地域，当地人对大自然产生误解是情有可原的。藏民相信所有东西都是有灵性且受支配的，所有发生的事情都是由某些不可见的力量作用的结果。喇嘛的作用就是发现事物背后的原因并控制那股力量，瞒骗或安抚神灵。如此一来，祷告、念经和各种各样的护身符就随处可见。轰轰的鼓声，长笛所发出的哭泣声，持续的喃喃念经声不绝于耳。现在的藏民认为，他们今天的安全和未来的救赎都要依靠法术。因此，我们不难想象当科学代替了法术之后，藏传佛教的命运又将如何。

喇嘛的禁欲主义也是地理控制的结果。类似藏区的地方没有肥沃的土地，粮食产量甚少，交通条件尚不完善。邻近地区的地理控制不同，藏区人口过多也是其中一个十分严峻的问题。藏民要如何处理多余的人口呢？其他地区可以通过扩张领地的方式来解决，藏区却不行。当地既无严重的匪患，又不缺乏扩张的机会，可藏传佛教没有征服妥协的能力，它决定让人口保持稳定。强化对不毛之地的集中利用，不仅缓解了产粮区的拥挤，而且为新的阶层提供了开发新地区的机会。摆脱生育后代的职责，远离农场和草原上的竞争，喇嘛开始将从事贸易视为先人事业的传承。在隐蔽的宗教外衣掩饰下，寺院成了城镇与市场。在这里，来自遥远地区的生活必需品和奢侈品可以流通到全藏区，并与当地的产品进行交易。

如果一个人在藏区的天空下生活了三十年之久，他会培养出一种渴求以不同方式表达自身的性格，但似乎这种天性是不被允许的。然而，藏传佛教展示出蕴藏在其内部的东西，就像是在木头、石头、纸张和其他东西上面所呈现出的精妙的迹象一样。请你想象一下，那些迷人的寺院艺术对藏民所产生的影响，他们漫步穿梭于山上的矮树林，心中充盈着自身也无法解释的东西。他们或是蹲坐在弥漫着牛栏与牦牛肥料刺鼻气味的乌黑帐篷里，梦见须弥山善见城的天帝。仪式与敬拜可能是对大自然的模仿：表演出来的东西并非难以捉摸，而是混合且可控的。有时，大殿让人觉得里面充满了来自阴暗神灵世界的来访者，周围的音乐听起来如同风的叹息，暴风雨的怒吼，又或是高处神秘的声响。事实上，如果你了解众天神争斗的暴怒，神界中暗处敌人的恶毒，又或者了解邪恶离奇预感的顽固，涅槃界（Nirvana）无法描述的愉悦，那么你或许能在藏区的藏传佛教而非其他地方寻得一处全然相似的东西。有人说："胡说八道。嗯，比起本尊（Yidam）来说，藏传佛教的东西要多得多。"

宗教满足了民众的急迫需求，让藏民拥有了一个无处不在而又充满凶险的精神世界。这种模式既不是直接来自藏区，也不是由藏区的东西改变而成。在下面的内容中，我们试图发现其中的地理控制因素：化身和灵魂附体的观念在藏区非常普遍。在这里，许多人声称拥有前世的记忆，其真实性令人怀疑，藏民们却对此坚信不疑。没人想过这个问题：如果我们死了，还能复活吗？活着的人终有一死，但灵魂不灭。大自然不允许有其他的结论。四季分明，不断更替；树木冬藏夏长，动物冬眠，死亡不过是生命的暂停或居所的转换。对人来说，死亡并不意味着结束，而像冬天对落叶松和土拨鼠一样。喇嘛是见证者，他们掌握着这种神秘轮回的关键，在这片广阔的天地中掌握一切机会。

藏民的神灵也分善恶、快乐的与不快乐的。神灵的住所位于想象的、不同部分的精神世界；藏民生活在浮夸的福佑与悲哀中。天堂的喜悦并非尽善尽美，至少还有正神与邪神之间的斗争。我们也怀疑其原因。为云着色的彩虹或许代表了神的住所。狂风暴雨、电闪雷鸣或许是天神激战的结果。在地狱里，我们看到了地理控制的确凿证据。残暴的国度是如此阴冷，以至于除了穿过冰冻牺牲者牙齿的暴风雪所发出的呼啸之外，再无其他声音了。倘若是某个文化人身处其中，那么他毫不犹豫会代表其族人宣告发现了能将氧气液化的温度；身为艺术家的喇嘛却只是通过图画向你展示这里有多寒冷……

然而，天堂和地狱都不是终结，涅槃才是。为什么呢？这并不是由藏传佛教发明的，它只是借其理论并将之精心发展。无情的气候、贪婪的地方政权和残暴的神灵世界无法让藏民将永恒的存在视为祝福。实际上，永恒会终结的观点才让人高兴，这也是涅槃拯救观所要表达的。有时，所有的事物都在传达这个神秘而又让人难以捉摸的观点。天堂是如此宏大，如此振奋人心，如此平静，如此惊异众人！大地同样如此：醉人的绿、五彩的花，丛丛灌木于人而言好似甜美的安慰剂。水晶般人迹罕至的冰雪山峰高耸入云，展示着无尽死亡的纯洁。不知什么原因，在松软的草地上休息，让自己沉浸在如天鹅绒般柔软，如玻璃般清澈的芳香四溢的宁静中是多么令人愉悦。你会感到时空变得模糊，仿佛人、自然的一切都与金色空间的涅槃融为一体，环绕在人的四周，这是非常普遍的感觉。所有的一切都可能发生联系，所有的东西都能融入一个客体。朋友们否认作者将自己称为神秘主义者（Mystic），但藏民心目中的天堂，仿佛毕士大（Bethesda）池子水面上的天使一样，扰乱了本应装着神秘主义的水井！你对藏民说："天堂什么都不是，只是一个无形之所。"他会指出极乐世界是全知、全视、全有和全福之地：一个重现一切的浩瀚汪洋。人完全融入这个"无"的世界，这个观念隐藏在藏民终极救赎的理念中。

第三节　习俗

　　据说，藏族数千年的历史清除了这片土地上的恶习。那些流传下来的习俗会是准确无误且独具特色的。由于征服自然的目的和方法不同，其中的许多习俗对我们而言毫无意义。我们进一步了解到藏民持续这种保守做法的必要性，因为任何打破这种均衡的企图都可能是致命的。藏族不会开始实验或采取新的举措，这些东西可能会影响部落、阶层和封地。因此，从道德上来说在这方面进行试探是极其危险的。或许，这也解释了藏民对外来宗教的态度，外来宗教有可能会颠覆藏传佛教的地位，破坏藏区的稳定，它解决不了因人口过多带来的威胁。藏民怀疑，外来宗教能否承认藏传佛教好的东西。如果能，那么西方宗教能像佛教那样让他们从中获益吗？可这些并不是本文要讨论的。

　　我们的目的是考察藏民一天完整的生活，并向读者展示他们的极简主义生活。铁器一直强迫藏民沿着不可逆转的方向前进，直到他们鼓起勇气接受新的理念，并从新的控制中受益。换句话说，我们要研究藏传佛教以外的桎梏因素。某些职业和他们的需求明白无误地让我们了解到他们心中的冲动，直接或间接地对他们产生了影响。藏民历来都是牧民、农夫或商人。前两者无疑是山区地理因素的产物，后者则是藏传佛教发展的结果。在藏区，大多数远离谷物生长极限的地区仍然布满了肥沃的草场，适于发展畜牧业。毫无疑问，这诠释了当地广泛饲养的牦牛的原因。这种动物可能是史前时期遗留下来的幸存者，它成了影响藏民职业选择和习俗的一个重要因素。对食物的需求驱使牦牛在不同温度的广阔区域内来回迁移。食物、衣服和个人特征都随之改变。藏民的食物尤其令人感兴趣，由大麦、奶油和茶组成。它们被装在小木桶里，用山间的灌木或牦牛粪以及很少的燃料就能弄熟来吃。藏民把盐或苏打加到茶里，这样更有营养、口感更好，让人难以想象在这个荒凉的高地和草原上还有如此美味。有时，他们也用玫瑰花瓣和某种灌木叶子代替茶叶，这些东西大概在早期也替代了白葡萄酒和啤酒的作用。在一些地区，水是装在木制的搅拌器里面，放到烧得通红的石头上来烧开的，这说明铁在这里并不像某些人想象的那样是必需品。上述原因再加上缺乏合适的燃料，或许可以解释藏民喜食生肉的饮食习惯。此外，牧区还有其他的特色。

普通的藏民身上穿戴着各种装饰品，但服装的样式却很少，居住的帐篷或房屋内外也没有多少装饰。他们没有过多的衣物，寺院却装饰着各种镀金物品和图画。这足以证明喇嘛不再是牧民。普通藏民的衣服是用毛皮制成，样式极其简单，以至于可以随着气候的变化轻而易举地增减。我们对此的解释是：藏区缺乏布料，人们也不适合在一天中往返于不同高度的地区。一些旅行者暗示藏民仿佛天生就适于高原生活，另外一些人觉得他们总是随身带着烟熏的火腿和药材阿魏（asafoetida）。的确，任何一个心智健全的人都不会宣称自己因圣洁而与神接近，但也不能违背环境法则。乱蓬蓬的头发不仅是寄生虫的乐土，还抵御了恶劣的天气；身上的毛皮说不上干净，但能用上三十年；天上毒辣的阳光和北极一样酷寒的大风要求人们必须保护皮肤；有节制地洗浴加上烟灰和油脂保护了敏感的面部皮肤。这些独特之处与牦牛文化息息相关，土匪与商人在某些方面也对其产生影响。藏民永远都不是真正的农夫，只是出于对谷物的需求，对某些蔬菜的喜爱，加上交通的限制和周围的恶邻，他们不得不在山谷中开垦出一小片土地来种植谷物和蔬菜。我们只是顺便提一句而已。

匪患和贸易要求人们采取更为具体的措施。这两方面都与对牦牛的依赖所培养出来的迁移本能一致。在某些地区，土匪相当于一种"合法"的职业，这与当地文化息息相关，有直接或间接的地理因素源头。在强迫移民的群体之外，或许存在返祖现象。当地现存的问题包括资源供应失衡的群体、孤立的部族、敌对的外部政权、失效的中心政权，劫掠品被运到难以进入且无法控制的地区。我们发现一个隐蔽之处，喇嘛就在许多地方加以约束，住所对我们而言是必需的。当我们在藏民中开展工作，面对"世界屋脊"上的居民时必须强调"要防止被偷盗"。为了防止我的话被人当作笑话，有必要强调一点，那就是土匪的背后有宗教势力，而且我们怀疑理塘的大寺院就是这些土匪的资助者。有趣的是，我们了解到拉萨的则仁（Ts'e Ring）教授，这位专注强盗理论与实践的学者正好也在研究这个问题。基于上述原因，当地人用许多习俗来防备陌生人，刀和火器成了藏民服装的一部分。相互的问候语是"平安"，问候者伸出双手以示没有武器和秘密。假装出来的窒息表情表达了来访者对主人怜悯的感激。帐篷敞开，这并不令人吃惊，而房屋大门和楼梯的设计却让入侵者处于一个危险的境地。凶猛的藏獒守护道路，放开绳索后它能与一队骑马人搏斗，或让对方的枪失去准星。一天晚上，我们在一个毁于地震的村庄废墟中宿营，这里是凶狠土匪的出没之处。到了半夜，藏獒开始凶猛地进攻。起初在帐篷附近，我们很高兴听到呐喊声渐渐消

第三章 藏区地理控制对人的影响

失在山谷之中，最终声息全无。步枪的枪声让我们多少发现一些端倪，第二天早上的情形证实我们猜对了。藏獒把我们从土匪手中救了出来，这伙人在我们毫无察觉的时候打算划破帐篷把我们全都杀掉。

现在藏民是一流的商人。为什么呢？他们早已培养出了迁移的天性，藏传佛教却使人看到了让自身成为保守的俗人不可或缺因素的必要性和可能性。藏传佛教很快就认真开展相关事宜，并通过开发适合的中心地和相关工业，以及垄断行业，全面掌控了与贸易有关的事项。事实上，寺院成了繁忙的城镇，并与各地相互沟通，形成一大片连锁反应。在这里，我们要单独强调几点。贸易为服务交通的牲畜赋予新的价值。中心城镇遍布各地，人们需要用马匹和骡子在往来的崎岖山路上运输人和货物。牦牛这种不畏严寒、不畏高海拔，不怕恶劣饲养条件的动物，却是大草原上的"抗风者"！它行进迟缓，却不会走错方向。另外，即便是死了，作为贸易中介的它仍有可用之处。跨越湍急的河流是商队必须要渡过的难关。这些河流的宽度、水流和道路让人难以在上面架桥或行船。令人钦佩的是，牦牛皮制成的轻舟竟克服了这些困难。它们行驶在布满急流、弯道和障碍的峡谷中，河岸边是茂密的森林。很明显，在这样的水道上行使，必须用不同寻常的船只。由牦牛皮制成的小圆舟非常轻巧，有软木塞一样的浮力，四周都是圆弧，这让它能轻易地应付礁石和河道弯角，一个普通的舵手不需要费什么劲就能避开漩涡和急流。除此以外，小圆舟十分轻巧以至于"扛在肩膀上"就能把它带回起点。

藏民的家可能是帐篷或房屋。后者是平顶屋，这明显违背了地理环境的需求。帐篷的样式是雪域高原理想的屋顶结构，因为其他类型会产生积雪，让雨水流错方向。使用这类反常屋顶样式的原因很简单：反常的屋顶样式承担了人脱离不毛之地的意愿。同时，草原上每年的降水量很少，所以没有必要改变样式。另外，除了屋顶样式无须改变外，对藏民而言，平顶的价值还在于它能成为堡垒、打谷场和游乐场地。由于当地缺乏木材，平顶有助于解决由此带来的不便，夏天防漏、冬天防积雪。

藏区的婚姻习俗即便没有大量矛盾，也错综复杂。男人拥有妇女和儿童，就像是拥有财产一样，这在我们看来十分特别。最典型的婚姻模式是族外婚或半族外婚，但地理环境要求当地人选择同族婚姻。以临时婚姻为例，来自远方的汉人没有妻子在身边时，会采用入赘和母系制的方式与藏族妇女结婚。上述方式更紧密的联合以及广泛的应用，或许揭示了藏区缺少家庭姓氏的原因。同样，居住点的孤立与地理环境的困难也对其产生了影响，形成一种趋势，即男子只使用部落的名称。藏区的婚姻与其他地区一样，都与地文学（Physiography）关系紧密。理想中的汉区社会以家庭为起点，以大同世界为终点。人们勾勒的广阔平原和有限天空传达了这种理念，族外婚强有力地表现了这一点。在藏区，小而分散的部落因交通的不发达而与上述联合方式格格不入。族内婚会加剧藏区恶劣的环境所造成的生活困难。没有别的东西能像这样影响不同人群之间的融合。族外婚意味着女孩离开自己的部落到其他部落去，而来自远方的女孩则成为本族男子的妻子。通过这种方式，所有的偏见、隔绝、猜疑和恶意都被清除殆尽，同时实现了家庭观念。在藏区，我们坚持认为大地和天空都反对这种完美的结局。同样，以族外婚占主导的地区，女孩的性格尤其关键，因为在不同部落里道德上的缺陷会让她的个人价值急剧下降。另外，一旦她被家族接纳，她若犯错，就不会被视为是不知情的外人而轻易得到谅解。

族内婚绝不会如此严格。在上述情形中，女方会是族群中的一个朋友，这与标准的族外婚截然不同。以入赘为例，这个"不幸"的男人必须遵循外族的行为标准。

完整地研究藏民的生理心理发展是一件有意思的事，但现在还无法实现。另外，也没有必要。一旦了解当地的海拔和气候，我们一定会猜到当地人拥有强壮的肺、心脏、四肢和其他适应极端环境的器官。从心理层面来说，他们很有可能是保守、迷信和排外的，且适于在广阔的草原上活动。可我们发现藏民是既谦卑又勇敢无畏的人，艰难而危险的生活是藏民性格的成因。少数人手中掌握着权力，民众毫无尊严的卑躬屈膝是免于灭亡的唯一途径。然而，他们今天在政治上不受约束，到处蔓延的匪患，充满冒险与危险的日常生活，这一切说明卑微的态度是最后的选择。对神灵世界、喇嘛和大自然的敬畏可以解释为抽象世界是现实世界的副本，必须用相同的方式来安抚、说服、利用神灵和人。如果土司、喇嘛或神灵超出一定的界限，他们就会发现在卑微的外壳下面藏着足以惊天动地的强大力量。

比起藏族男性，藏族妇女或许是地理控制更明显的产物。她们的社会地位同样如此。旅行者大多倾向于认为，女性比男性更强壮（如果不从绝对意义上讲的话），在心理层面上女性似乎与男性一样，生理层面上也大抵如此。要解释我们所怀疑的内容并不难，妇女是藏区事务的管理者和参与者。她们是牦牛的女主人，夜以继日地与粗俗的男人一起工作，从事家畜饲养中最不适合女性的工作。事实上，妇女承担了太多从精神上而言不健康的工作。因此，她们时常表现出谦虚、缄默以及对性行为的腼腆态度。同样，她们也宽容地对待他人关于临时婚姻、性冲突等指责。女性生理上的发展似乎是长期地理因素淘汰的结果。因为在藏区面对高海拔和极端气候，加上应对环境的勇气，低于一定标准的身体是无法在这样一个非同寻常的环境中生活下去并从中受益的，这样的身体条件在很大程度上与男性有关。那么，藏族女性是否如人们想象的那样总体上比藏族男性更强壮呢？气候和海拔对性别不产生影响，妇女不仅与男性一样在生活中挣扎，而且准备好去忍受更多的辛苦劳动，她们最终生存下来的事实似乎印证了我们的猜想。此外，我们没有其他合理的解释，她们只能将所需条件遗传给后代，这些混合类型的后代是从对藏区男性致命的环境中幸存下来并从中受益的。我们必须将相关问题留给将来受过训练的生物学家，他们或许能解释出现在的学者未能涉及的垂体腺、母系氏族变异、移民困难以及族内婚动态因素与控制所产生的影响。

藏族的丧葬习俗或许可以用藏民的与众不同来解释，人们可能会误解或否认其真正的含义。总体而言，我们不应该期望在这片树木稀少的地区找到棺材，何况游牧民族和到处迁移的部落并不关注墓地问题。因此，火葬和天葬看起来很符合当地的需求。前者可视为乘坐火焰与云柱的战车前往无尽的天穹，与蓝天融为一体。天葬也是通行的做法，秃鹫栖息在远离污秽和干扰的高高的天空，忠实地尾随牧民和商队。在秃鹫稀少、土地缺乏的定居点，河里的鱼能够承担天葬所需的任务。

第四节　未来

这部分内容将讨论藏区的未来。生活在这里的藏民有能力征服比以前更多的领域吗？来自美国和欧洲巨大的利他主义（Altruism）者会对当地产生有利的还是不利的影响呢？简言之，藏区能用其他文明成果来引导大地与天空的力量为其服务吗？具体地说，能用科学来代替佛法吗？

随着正确价值观的形成与科学的发展，没有迹象表明人都会变成素食主义者，因此我们认为藏区的未来并非一个不公平开发的结果。现在流行的观点将地球视为命运的东西，神的命令让部落和人们开发大地为其所用。那种"占着鸡窝不下蛋"（a dog in the manger）的做法现在已经过时了。没有任何地方能闭关自守、自给自足。人必须脱离城堡和族群回流。他们必定会从其他控制因素中受益，并由通行的法律和习俗加以指导。没有哪个民族会继续保持落后，藏族也不例外。数百年来，这片难以靠近的地区，已变得多疑、自私和厌世。藏族徘徊于历史漩涡时，人类发展的浪潮已发出震耳欲聋的吼声。换个说法，藏区的民众是城堡中的囚徒，注定要生活在危险中。无论他们曾经在当地从事何种职业，梦想有何改变，最终都被塑造成猎人和牧民。在其他地区，由未开化状态到现代社会进化的过程是很清晰的。产品过剩和资源匮乏解释了不同部落间的物物交易，在合适的时间会引起不同族群间习俗、语言和控制因素的交流。这足以证明友谊优于仇恨，互惠胜于孤立。日复一日，年复一年，各部落范围逐渐扩大，积累财富，增加人口，并产生新的需求，最后增进同情心，产生模糊的手足情谊。但是藏区可能会轻易地跳过这个过程。藏族本就是迁徙的民族，内部的社会组织，高度的文明迹象证明了藏族发展的独特与神奇。我们已经展示了藏传佛教在这方面神奇的作用：活佛、圣城、僧侣统治的代表，作为拉萨缩影的各个小城，联合的部落和族群，这一切都缓和了当地的紧张关系。简单地说，藏区的团结稳定和欣欣向荣，对周围的汉区和其他地区大有裨益。

这让我们重新审视打箭炉。作为藏区的重要商贸中心，它是仅次于拉萨的权力中心，在暂时权力的引诱下把人们引向汉区。我们得知，当地和汉区向藏区西部输送了数学家和艺术工人，并从他处引入了法律。我们对引述的这些内容并不加以评论，因为这是很久以前的事，而且在人类学意义上可能不重要了。现如今，打箭炉处于一个独特的位置，为藏区其他地方提供所需的大部分茶叶。为什么藏民对这种饮料有无比崇拜的热爱呢？生活在高原地区的人们或许需要持续的精神刺激，茶在很多方面比酒更为合适。无论怎样解释，藏区在茶这方面无疑受制于中原，同时茶也为藏民区人民获得了创造财富的机会。无论怎样夸大茶叶贸易的利润都不为过。由于权力上仅次于拉萨，打箭炉逐渐产生了吸引力。新的中心成立后，产生了新的贸易、专营和新的职业，喇嘛阶层没有忽略任何一个有利可图的行业。事实上，茶叶贸易要求人们来往于藏区土地上，这一点尤其重要。愚钝的思维得以提高，财富不断增加，语言也会得到统一，生活会更加美好，人们的价值观会更适合大众的需求。通过这种方式，族群间的团结得以加强，并能维护本民族的生存。

这或许意味着交易如同以扫（Esau）的交易①一样糟糕，藏族的长子名分只能换来一碗茶而已。藏区要永远按汉区的规则行事吗？我们难以想象这是藏传佛教理念的一部分。藏传佛教与大地天空联合将驱使藏族人民继续向前，迫切的需求要进行尝试，普世的良知或许最终会到来。藏区的部分未来将依赖于汉区是否继续为其提供帮助。坦白地说，这确实是个问题。保守主

---

① 译者注：以扫用长子的名分只换来一碗红汤（red stuff），作者用此来比喻交易不合算。

第三章　藏区地理控制对人的影响

义的壁垒正好阻碍了藏区发展的步伐。汉人和藏人在性格和物质需求上各不相同。总的来说，藏区相对于人口众多的四川只是个可怜巴巴的小市场，并因其对四川的依赖而受轻视，这种依赖往往因为路途的遥远和艰难而变得异常昂贵。例如，就自然环境来说，藏区必须专注于畜牧，反驳的观点认为："你们的牲畜和产品与我们的相同，所以我们并不需要"。这样的观点导致了当地人对藏区不合理的开发，忽略其真正意义和方式上的财富增长与发展。换言之，外地可以通过要求藏区按计划发展的方法来对其产生影响。对藏区而言，这样的方式等同于过去那种将本地置于"魔法与剑"的传统处境中，从而避免自身受伤害。但现代的藏区无意于此，外人岂能改变藏区的做法！难道这意味着汉区能为藏区提供援助，发展藏区真正的资源（畜牧业）并确保供应最近、最便利的市场吗？这对汉区来说十分困难。中原历来注重农业理念，认为不能耕种的地区是自然的错误。约200平方公里的理塘平原，拥有40000头牦牛和60000头羊以及一些马匹，都由喇嘛控制的劳力饲养。某位"聪明"的官员曾建议在这里挖掘许多池塘，用这片土地上出产的牛羊肉来喂鱼！如果政府真的想控制这个地区，那么接下来会做什么呢？我们认为应当找出提高草场质量的方法，寻找适合过冬的地区，在远离暴徒威胁的地方修筑道路，并且像雅州和灌县那样建立工厂来满足内需。同时，藏区也应该资助成都的华西协合大学的农业系和兽医系。这一切听起来极像太平盛世的情形。

《华西边疆研究学会杂志》，第2卷，1925年

第四章 文化研究

第一节 金川的日月崇拜

　　三十多年前，人们也许会看到小金（Hsiao Chin）的当地人崇拜冉冉升起的太阳。这一行为非同寻常，尽管它让人印象深刻，但我们却找不到有关这种习俗的任何资料。1933 年以前，我们有幸在丹巴和一个信仰太阳崇拜的家庭毗邻而居。他们不仅为我们提供了这个小教派的内部信息，而且还送给我们日月崇拜的经书。

　　最热情的信息提供者是一位妇女。三十年来，她一直崇拜天上的这两个球体。她是丹巴地区族际通婚的后代，其父母也遵循相同的习俗。她的儿子现在是拉萨的一个喇嘛。这位守旧的女士每天都要焚香敬拜升起来的太阳，向它下跪叩头，每次要磕 30 个。敬拜月亮时也要焚香、鞠躬并磕长头 9 次。尽管这个习俗有别于汉藏的仪式，但双方都默许了这一做法。最简单的解释表明，这个小教派是古代日月崇拜遗留的产物，出于谨慎，教徒们为其穿上了佛教的外衣。经书曾多次用抱怨的口吻写道，尽管民众崇拜数不清的神佛，实际上却忽略了太阳和月亮。我们也了解到"太阳从东方升起，天地敞开了大门，十万八千佛现身，无数神灵分列两旁，迎接它一天旅程的开始"。

　　我们有幸浏览经书好几个小时。它是无比珍贵的手抄本，共分两部分，书名是《日月崇拜经》（*The revered classic of the Sun and Moon*），其中与太阳有关的部分有 40 行，共 280 个字；与月亮有关的部分也是 40 行，共 62 个字。

　　人们不遗余力地赞美太阳，认为它与超越一切的神佛一样。"二力成，日月现，前主升，后主降。"有人抱怨道，尽管民众崇拜佛和本地的神，却忽略了伟大的太阳之神。在文章的前面，我们了解到无数的神如何在神界确立其权威。更为确切的是，太阳是光神（Light God），没有它万物就停止生长，果实不能成熟，人们会挨饿，一切生命都将遭受极大的苦难。光明之神的生日是 11 月 19 日。那时，人们必须用纯洁之火（灯）敬拜它，以虔诚之心举行仪式。教徒们认为，诵读《日月崇拜经》要比背诵《金刚经》（Diamond Classic）高效十倍。观察了太阳在神学系统中的崇高地位后，我们不难看出它维护了一个不言自明的道理，以此来评论对忠心的信徒赐福的神灵，但在他们当中，我们也发现了邪星（Evil Star）的影响。另外，今生来世的苦难得以减轻，人们自然感到高兴。

就理论而言，月亮不如太阳重要。鉴于前者看起来比后者大一倍，我们不得不假设这其中蕴涵着一个重要因素，只是出于某种原因未被公之于众。这个球体，叫月光天神（The Moon Light God of Heaven），或许有一个外国名字叫莫卡沙（Mo Kasa）。我们在经书中读到："我，天之月神，光耀群山峡谷，飞越湖海、逾越众门，炎炎夏日、降下甘霖。"信徒们认为，念经能避开灾难，得享幸福长寿。月亮崇拜日定于每年第一个月的第六天，由于敬拜日月每天都在重复诵念经文，因此各个阶层的信徒都能从中受益。以下面的情况为例：正统信徒不染疾病且能在俗世取得成功。妇女来世为男，为官者得到权力、金钱和名誉，统治者垂拱而治且天下富足、四海升平。诸多直接警示与间接暗讽都表明，那些长期忽视太阳与月亮的人，尽管他们虔诚敬拜其他神灵，都会因其漠视日月之神而长期受惩罚。

总而言之，我们假设这种小教派是太阳崇拜的遗迹，而且还穿上了佛教外衣，目前为止，没有证据表明它与苯教，一种可能具有波斯袄教形式的神学系统有关。那么，这种小教派的存在有助于解释边疆建筑中疑似月亮崇拜的东西吗？

《华西边疆研究学会杂志》，第 7 卷，1935 年

第二节　巴底巴旺的白石

白石崇拜是闪族先祖的特征。这种崇拜流传甚广，在摩尼教中，我们也发现了类似情形。从打箭炉（今康定）到松潘一带，白石崇拜十分普遍，特别是在巴底巴旺地区，部分对此含义和变化的研究将有可能探寻其中的奥秘。巴底、巴旺的人信仰藏传佛教，以两个格鲁派寺院和一个苯教寺院为中心。巴旺在政治上从属于巴底。两地盛行白石崇拜，我们在大门、墙壁、屋角以及所有重要的地点都能看到白石。事实上，白石在藏区和经幡一样常

见。我们路过时，注意到石头的条纹与斑点，还有被称为佛牙的楔形石头。这表示万物有灵，图腾是石头崇拜的源头，也说明了佛教是如何适应地方文化的。

各地对白石崇拜的解释不同，有时我们不得不承认它有生殖崇拜的意味。同时，根据当地的解释，我们认为白石有护身符的作用，或是火神制造的产物，抑或是原初而纯洁之物。接下来，我们发现白石被当作山王菩萨和天菩萨。白石常被制成牛头形状，小块的石头嵌入墙壁，当地人会用牛粪做成饼状物贴在墙壁上。香炉上也有白石，就放在牛角和牛头旁边。在这里，白石的白色与神龛上焚烧松枝的白色香烟合为一体……

在巴底，白石具有完全不同的含义。除了格鲁派外，白石似乎和苯教也有特殊的联系。这个"异端"的信仰体系可能是藏区古代萨满等原始宗教的遗留。因此，我们认为白石崇拜是中亚佛教传入前的标志之一。如今，苯教有全然超脱的神灵，"Kum Bzang Ruam Gsum"，全善的三一（All Good Trinity），是完美、自由、永恒的。他可以幻化成人，并以多种形象出现在图画、塑像和天然形成物中。那么，这会不会是西方宗教的变异，又或是遥远的闪族宗教以及近代某种摩尼教的变体呢？从某个奇特的角度而言，我有点觉得苯教"至上神"的概念或许与中国传统观念中的"天"息息相关。许多地方都将白石视为天神，理番附近还有一座供奉着三块大白石的庙，既不是藏式也不是汉式。当地人称之为"白空寺"，庙中有一副对联："白眼能观天下事，空身可保世间人。"人们认为白石内有神灵，这与涅槃、神或"天"的概念大同小异。同样，我们是否能在苯教中找到永恒、非人格的神性呢？闪族异教中也有类似的概念，从字面上的解释和已有文字材料来看，我们在白石崇拜中发现了类似琐罗亚斯德教（Zoroastrianism）二元论和拜火教某些相同的内容。在那些没有藏传佛教寺院的地区，当地人崇拜奎师那（Krishna）的化身孔雀①。在理番一带，人们会将代表替罪者的牦牛放入荒野。我猜想，如果波斯摩尼的门徒要是来过华西，那就太有意思了。

《教务杂志》，1923 年 4 月

---

① 译者注：叶长青可能将苯教中的鹏鸟和孔雀混淆了。

第三节　真言与苯教

到藏区的旅行者经常惊诧于苯教真言"唵嘛呢叭咪吽"（Om mani pad me hum），却很少有人知道，无论以何种方式念了这句真言，人们都将死去。这些异教徒就是苯教或黑教（Bons or black magicians）的僧侣，他们盲目地依恋于"Om ma dre mu ye sa le n'dug"，这句真言于他们而言充满力量，对我们而言却毫无意义。

究竟谁是苯教教徒呢？其名称源自"Punya"，那些崇拜"g'yung drung"，即崇拜万字符（Swastika）的人。这个神学系统的创始人，辛饶弥吾（G'Shenrabs），据说额头上有"Mitra"[①]宝石；他的怜悯之心"如同太阳光一般直射前方"。

除了试图认定辛饶弥吾就是道教的圣人老子（Laotze），藏族历史学者还认为老子出生在阿里地区西部（Western Ngari），苯教自身不仅宣称波斯（Persia）[②]是其神学系统的源头，而且谈及人们最终会重新信仰"Ormus"的长山谷。

如果"Ormus"是善神（Ormuzd），波斯光明神（the light God of Persia）的另一种写法的话，这无疑会引起我们的极大兴趣，因为它或许表明了苯教与古代的太阳崇拜小教派有着某种联系。下面我们列出其证据：第一，就"Mitra jewel"而言，《韦氏大字典》告诉我们"Mitra"是一个吠陀神，可能是波斯密特拉神（Persian Mithras，波斯的太阳神）。第二，这有没有为苯教真言中的"ma dre"提供一点解释呢？有没有可能它是古代太阳神被遗忘的咒语呢？第三，上面我们提到苯教徒从古至今是崇拜万字符的人，似乎可以确定这个符号是用来表示太阳。就今天在汉区见到的情况，加上欧洲和美洲出现的装饰物，我们一时难以了解其真正的含义，但在这片深受苯教影响的土地上我们不再迷惑。

总而言之，我们对苯教的调查中必须提到以下几点：第一，它源自亚洲西部，可能源自波斯。第二，它崇拜万字符。第三，与密特拉神和善神，波

---

① 译者注："Mitra"是古代印度和伊朗的重要神灵之一。在梵语和波斯语中，它可以用来表示"契约、誓言或朋友"。

② 译者注："Tazig"出现在波斯语和阿拉伯语中。美国哥伦比亚大学佛教学者亚利山大·伯仁（Alexander Berzin）认为在某些语境下，"Tazig"一词也用来代指生活在藏区西边的一个名叫象雄（Zhang Zhung）的古代小邦国西部地区的牧民。

斯的光明神有关。第四，万字符用发光的轮子来表示。

公元前 2 世纪，苯教就在藏区根深蒂固了，其创立者出生于"圣洁之光的寺院"（Temple of Pure Light）。

《华西边疆研究学会杂志》，第 5 卷，1932 年

第四节　藏传佛教中可能存在的摩尼教因素

大千世界无奇不有，不同来源的事物具有相同的结构，加上众人对佛教和摩尼教（Manicheism）的无知，因而笔者自愿承担这个艰巨的任务。有鉴于此，为了更好地理解这一有趣而又难以捉摸的课题，本文开头，笔者会展现两种神学系统的部分内容，并加以比较。

摩尼教系摩尼（Mani）所创建的一个具有高度综合性的宗教。他出生于公元 216 年，60 年后因剥皮而受难。摩尼是一名伟大的旅行者，据说他曾经来过中国，可能到过新疆一带。他所创建的新宗教是马克安（马西翁）(Marcion) 和巴达西恩（Bardesanes）[①] 加上波斯祆教（Persian Magiaism）这类异端的混合体。摩尼教教徒受到过异教徒、西方宗教教徒以及其他教教徒的迫害，该教似乎具有崇拜仪式简单和严格遵守道德准则的特点，在某种程度上披了佛教的外衣。8 世纪，中国官方就知道国内有这么一个宗教，于是禁止其传播。混合了佛教教义与聂斯脱利派（Nestorian）教义的摩尼教仍得以持续发展至 12 或 13 世纪。摩尼宣传的教义是：世界存在两种永恒的本原，光明和黑暗。通过两种本原不幸的结合，世界得以存在，光粒子从黑暗中分离出来相当于解脱，这也是光明使者的作用。人身上不合规范的欲望体现了邪恶的存在。黑暗在人的身上察觉到了一些令其高兴的事情，并力图得到这些东西。尽管摩尼教教徒的崇拜与一些异教相关，但教义教规要求信徒遵循苦修的方法。"主教"或祭司必须禁酒、肉，禁止结婚和拥有财产。宗教组织上分修道士和俗人，最高的宗教职位是教师（Magister），即教皇，也是摩尼的继任者。据说，摩尼是约书亚[②]派出的保惠师（Paraclete）。其他的细节信息，我们会在研究需要时列出来。

[①] 译者注：公元 2 世纪中期的叙利亚诺斯替主义者、诗人、星象学家、哲学家。

[②] 译者注：该名字的另一写法为"Yehoshua"或"Joshua ben Joseph"，本文将之译为"约书亚"。

第四章 文化研究

遭受残酷镇压的摩尼教逐渐分布到已知世界的大部分地区。撒马尔罕（Samarkand）成为一个著名的中心。在中亚它的发展是如此兴盛，以至于当地的主教可能要挟邻国让那里的摩尼教教徒受到更好的待遇。这里的摩尼教教徒似乎是一个具有侵略性的群体，因为扎豪（Sachau）告诉我们："大多数汉区的西域人和藏区的某些印度人，坚持遵循摩尼律法和教义。"藏区和西域的摩尼教可能直接源自某游牧部落。他们退出西部省份之后，与摩尼教神职人员相遇，并正式接受摩尼教。尽管上述信息不足以说明其真实性，但无论如何也能让我们假设，摩尼教在藏传佛教发展的最敏感时期对其施加影响。如果完全消除以前的影响，那么我们就可能会发现光明天堂里的众神来到人间，他们是来自源头的光体，存在于人的身体内。我们会期望他们是救主、向导和来自众神那里的光明使者，他们来到明暗参半的人面前。我们也希望发现一些仪式和敬拜形式，这些东西在许多方面与诺斯替教派遗留下来的内容相似。

我们并不怀疑这种类似物的存在。这种观点到底在多大程度上能够得以证实，在我们考察"唵嘛呢叭咪吽"这句著名的真言时会间接提到！开始这场讨论时，我们确认问题中的惯用语不是藏文，也不是任何对佛陀的许愿。这几个字是梵文，其代表的意思是："唵"，一个神秘的感叹词，代表了毗湿奴（Vishnu）、湿婆（Shiva）和梵天（Brahma）。"嘛呢"代表了宝石。"叭咪"是神圣的莲花。"吽"，最后的感叹词，很明显是用于震慑。"Mani b'ka a'bum"可追溯到7世纪。由于这个"正统"可能是15世纪的产物，所以我们不引用它来作为证据。一个欧洲人在12世纪提到过这句真言，但7世纪或8世纪会更符合我们的目的。如果这句真言的对象不是如来佛的话，那又会是谁呢？答案是观世音菩萨（Spyan ras g'zigs）。这条无关紧要的信息只会让大多数读者感到迷惑不解，所以关于这个有趣化身（avatar）的评注不仅会简化内容，而且还表达重要意义。简而言之，观世音菩萨是统治光之净土的无量光佛（Od d'pag med）散发出来的光。在正统的藏传佛教中他是五智如来（Five Dhyani Buddha）中的第四个佛，即阿弥陀佛（Amitabha）。他的散发物，即观音菩萨，是世界的救主，藏区的守护神。根据洛克希尔（Rockhill）的观点，他出现的故事是这样的：阿弥陀佛的使命是拯救所有有情众生。为达此目的，他召唤了观音菩萨和女神"S'Prol ma"。前者化身为一道光从左眼射出，后者化为蓝光从右眼射出。更正统的说法是"从佛身出现了不可思议的光芒，从中发出一位大慈悲者和六个神"。其化身的详细过程如下："莲花池闪过一道光，接着便出现其莫名的身体，洁白的身体散发着极大的荣光。"有情众生被认为困在不破的牢笼中，从观音菩萨身体中射出六道光，到达六界"解脱了牺牲者"（与摩尼教"从罪恶时代中解脱出来"相比较）。生的大道仍然展开，而障碍并未清除。在未修饰的语言中，所指为"从光里出来的六天神"失败了。但观音菩萨在可怕的痛苦中，正如承受了可怕的誓言，在佛的帮助下重上战场，借六字真言"唵嘛呢叭咪吽"清除了障碍，并让有情众生有机会进入极乐世界。

已有足够的证据供我们比较并综合上述内容。当然，我们并未断言摩尼教要为所表现出的东西负责，这可能是现行的奥秘和教条在人为加减下，用来庇护摩尼教神学理论的结果。在汉区，摩尼教在佛教的外衣掩饰下得以蓬勃发展，在藏区情况也可能如此。但作为保险措施的佛教很快就成了主导，摩尼教遗留下来的内容并没有影响这个高度综合的外来神学系统。

现在，我们应该尝试着比较藏传佛教中具有暗示性的特征和巴比伦系统中一些明显的教条。纯正形式的摩尼教源于中国以西，它很有可能又带着发生改变的教义从东方返回其源头。佛教在许多方面对摩尼教产生了巨大影响。历史证明，后者并不反对这种融合，它从各方面借鉴许多东西，不仅引入大量外来宗教，以之为重点进行改造，来适应自身，而且可能不太关注宗教的名称。通过它，后世的人们能够了解其中的神学系统。我们猜想，考虑到这个神学理论的某些方面和藏传佛教的寺院组织，这个理论在某种程度上得到证实。

光明和黑暗的混合是摩尼教的理论基础。一位马虎的读者否认摩尼教存在于藏传佛教中，但它可能隐藏于众所周知的神话中，即藏族认为他们是猴神的后代，一道源自观音菩萨手掌的光芒以及一位女石魔（Srin Po）的后代。另一种可能是，这些人属（Genus Homo）祖先的身体能自我发光。在摩尼教中，我们得知沃尔姆兹（Khormuzta）[①] 与居住在光里的"神圣五使者"（The Divine Five）是如何出发攻击黑暗军团的。他暂时战败并受了很重的伤。这与观音菩萨的失败是平行的，且引起了可怕的后果，直到无量光佛前来相助。最后的胜利似乎为解脱有情众生开辟了通往涅槃的道路。

藏传佛教寺院的组织仪式细节与敬拜内容表明，就我们所知它所受到的西方宗教影响，不是来自纯正的聂斯脱利主义。摩尼教内部分为听者（Hearers，信徒）和选民（The Elect，僧侣），在某种意义上相当于藏传佛教组织中的信众和僧侣。藏传佛教中，僧侣的地位正如摩尼教一样，这一点

---

① 译者注：Ormuzd 的变体，指波斯光明神。

第四章　文化研究

可用下列事实加以证明，即他们都处于一个实际上的领导地位。两种宗教系统中的等级在某种意义上是相似的，且达赖喇嘛的地位相当于摩尼教的主教，即自诩保惠师摩尼的继任者。

喇嘛是藏人家庭中的法师，更是"B'Lama"，真正的意思是"上师"。这个系统中的成员在俗世中的名字和地位相当于摩尼教中的"选民"。其他人已经了解"生命"或"灵魂母亲"的观点，这可能包含了一种类似摩尼教选民的暗示。选民的职责是让光粒子进入他的身体而使因禁的光粒子得以解脱。

笔者现在并未对藏传佛教的节日进行特别的研究。但《西藏图考》所提到的一个节日至少暗示着摩尼教庇麻（Bema）节又名教师席节（The Festival of Teacher's Chair），是为了纪念创建者的死亡而设立的。举行仪式的时间是3月，虔诚的信徒跪拜于放置在五级台阶高山上的新装饰好的空椅子前。在拉萨，过去每年的3月末，达赖喇嘛会登上一座山并把珍贵的容器、宝石和饰品洒在皇家寺院中。这个展览被称为"光明财富"。第二天，一尊披着丝绸和刺绣的佛像被放在第五层。一个喇嘛模仿神灵附身的状态绕着寺院走3圈，一边唱歌跳舞一边敬拜神灵。这种仪式会持续一个月。然而，如果把下列内容，譬如日期、五级高度、装饰图案、"光明财富"模拟的崇拜样子当作证据来说明这个仪式是藏族的"庇麻节"的话，这无疑是个错误，它只不过是一个巧合罢了①。

现在我们来谈谈佛教和摩尼教的神灵。打个比方，我们因为周围的光太耀眼而头晕目眩。摩尼神是"光之净土的王"，约书亚是光（Sheen），是来自光明国度的纯净之光。摩尼来自约书亚，是光的使者；选民是贮存光的仓库。人身处异质的不可挽救的皮囊之中，并且急需一位导师和救主来拯救他们。在佛教里，我们会因同样的原因把眼睛遮起来。本初佛（Adi Buddha）是"纯净光"，发出能净化一切众生的光。接着我们有五神发出的莫名光辉，以及来自光流（Emanations of Light）的荣光。另外，这里还有自明体，发

---

① 译者注：我们在《西藏图考》中并没有查到该资料的直接记载。在该书卷 8 "和琳西藏赋注" 中有部分字句，然因简洁而语焉不详。[乾隆]《西藏志》岁节，对此有所记载，但与译文有较大出处。内容是 "二月三十日，布达拉悬挂大佛，其佛像系五色缎堆成，自布达拉第五层楼垂至山脚，长约三十丈，将大召中所有宝玩、金珠、器皿陈列，喇嘛装束神鬼诸妖，各番国人物、牛、虎、象等兽，转召三次，至布达拉大佛前，各跳舞歌唱。如此一半月间始散，乃其地之春戏。神鬼、人兽等衣着，颇极精巧华丽，其宝玩无穷，不能枚举"。详见《西藏研究》编辑部：《西藏志·岁节》，西藏民族出版社，1982 年，第 21 页。类似记载，在其他西藏的志书中还有，恕不列举。

光的景象，闪光以及统治无尽光界的光之守护神。观音菩萨持续化身为达赖喇嘛，是来自无量光佛的一道白光，而"S'Prol ma"是来自无量光佛的蓝光。对摩尼教徒而言，神是光物质组成的，而且是其中一部分。他有时表现为五重本性，我们发现沃尔姆兹与神人（Divine Beings）一起从光之五界前往攻击黑暗魔王……难道这表明了与本初佛（纯净光）和五智如来的联系吗？无量光佛和摩尼神都是光净土的统治者。摩尼的使者和佛教中下凡的天神两者有共同来源，其中包括约书亚、摩尼、观音菩萨、"S'Prol ma"、达赖喇嘛和班禅额尔德尼。"唵嘛呢叭咪吽"这句秘咒源自无量光佛的一排无尽源头之光。上面给出的摘录中，本初佛可能就是摩尼教的沃尔姆兹，就像在藏传佛教中一样，摩尼教中也普遍存在着魔鬼，但是没有灵魂转世的教义。然而，达赖和班禅好似摩尼教的使者，作为向导和救主的天神，他们不能抛弃人的利益，除非完成一个特定的程序。

毫无疑问，摩尼教的敬拜相当于马西翁和马达西恩主义，可能解释了藏传佛教中一些难以理解的内容，这让我们想到西方宗教所产生的影响。事实上，一些人已经在藏传佛教的寺院组织中看到一个强大的核心组织，等待着神灵指引他们朝着西方宗教徒的理念前进。据我们所知，这华丽的仪式、日常的敬拜以及变化的行头，绝不属于聂斯脱利派。但从内容来看，有可能是在昆仑山北部发展的摩尼教。

这让我们想到"唵嘛呢叭咪吽"。如果曾经有人知道其含义，现在也无从知晓了。正如我们所了解到的，它是对观音菩萨的祈祷，在许多方面佛相当于自成一体的摩尼或光之保惠师。摩尼教徒在召唤约书亚和摩尼时并无太大差别。他们会说："啊，清除我的污秽吧！"这是广泛使用的语句。如果"摩尼"是巴比伦异教的名字，那么他们迷人的个性是否哺育滋养了一个宗教呢？几个世纪以来，它一直反抗异教、西方宗教和占统治地位的阿拉伯祭司组织。如果是这样，那么今天的达赖将会身处教师或摩尼继任者的位置了。很显然，一个态度强硬的佛教会改变或掩饰大部分原有的教义，但是其寺院组织和敬拜仪式也是这样吗？如果上述联系得以证实，那么摩尼这个西方教派的异端，仍然是世间最流行的祈祷目标之一！

《华西边疆研究学会杂志》，第 6 卷，1934 年

第五节　苯教或黑教小记

有意思的是，有人了解到苯教（Bons 或 Black Lama）宣称与波斯有关，苯教教徒被称为"Tazing"。他们的天堂以及所有虔诚苯教教徒的家就是"Ormu Lung Ring"，我猜想其含义是"沃尔姆兹神的长山谷"（Long Vale of Ormuzd）。后者是波斯人的善神。因此，不知为何，苯教可能是拜火教（Fire Worship）进入藏区后变化而成。

我们了解到，琐罗亚斯德（Zoroaster）的教义于公元 621 年来到中国。汉人把苯教称为黑教（Black Sect）。有意思的是，波斯被认为是黑魔法的故乡。据说，苯教的宗教色彩是白色，通常被认为是拜火教的遗留物。将死者的尸体留给兀鹰和野生动物或许也是波斯人遗留的习俗。上述就是关于藏区苯教的概述。

《华西边疆研究学会杂志》，第 3 卷，1929 年

第六节　比较宗教学小记："替罪者"

《利未记》16 章记载了一个神圣化的习俗，学习比较宗教学的学生对此颇感兴趣。两只羊身上背负了许多东西，其中一只羊献给神，另一只羊背负着所有的不义、冒犯和以色列儿童的原罪，被一位"来到偏僻之地"的人带走了。背负着罪的动物要献给拥有"神秘力量"的恶魔阿撒泻勒（Azazel）。这种信仰认为民族的、本地的或个人的罪可以转移到能被消灭的个人、动物或物体上。全世界许多地区的人对此深信不疑。在拉萨，宗教意义上的罪象征性地由一位女奴来承担，她最终要死在河里或湖里。在日本，人们也表达了同样的理念：背负着罪的纸质衣服被放到海里，任凭海浪将其吞没。甚至，在阿留申群岛，犯错的人把某种杂草和带有其罪的物品带在身上，再把被罪污染的杂草烧掉。

理番地区也存在着类似犹太人习俗的做法。这可能会让许多人诧异，无疑为读者提供了不同的解释。某些群体的罪通过魔法般的仪式转移到一头牦牛身上，再由人把它赶到白空寺后面的荒地，那里是悬崖的迷宫和阴暗的森林。"阿撒泻勒"成了荒野里凶猛的野狼和豹子。当人们得知一只动物死后，

就会将另一只释放到旷野。我们不自觉地将其与闪族的做法联系起来，猜测其是否是闪族习俗的遗留物。特别是当我们考虑到，石头崇拜的幸存者与上面提到的寺院有关。现在，我们认为这只是巧合而已，有待进一步考察以证明闪族习俗对当地确实的影响。人们的负罪感和趋利避害的心理普遍存在。那些认为罪会转移到物体而非负罪者身上的观点同样如此。如果"阿撒泻勒"是恶魔的一个特称，那么人们的罪就回到了源头，在适合的时间与源头一并被摧毁。

《华西边疆研究学会杂志》，第3卷，1929年

第七节 丹巴的拜神节

丹巴县，汉语名称是章谷（Changku），藏语名称是"Rongmi Drangu"，位于打箭炉以北160公里处。

离开打箭炉的旅行者继续前进，穿过一个宽阔的山谷和山间森林中的通道，四周不时涌现温泉。前进64公里后，道路一分为二。这时，你必须选择一条看上去不好走，通向陡峭山坡的道路。这条道路在秋、冬、春三季都很危险，即使是夏天，由于地形、气候和其他原因，从这上面通过也是提心吊胆的。从山上突兀的岩石往下看，会让人头晕目眩。四周都是海拔高达6000米的山峰，向人们展示了地球上无与伦比的雄伟与壮丽。然而，好像规律一般，我又莫名其妙地一个人身处浓雾之中，心里只想着还有多久才能到达浅绿色羽毛般的落叶松森林，那里或许有一位希提人（Hittite）面孔、性情开朗的妇女经营着廉价小旅店。或许，长满青草的斜坡上突然出现一伙强盗的帐篷。

第二天，我穿过长着落叶松、云杉、白桦的森林，沿路下山来到贵雍（K'wei Yong）农场和居住区。随后，我在长满树木的峡谷中穿行16公里，来到牦牛（Mao Niu），这里40户人家住在悬崖上的寨子里，鸟瞰两条河流的交汇处。接着，我向山下走了56公里，不时发现奇特的事情，一些农场出现在峡谷当中，另外一些房屋修建在河岸边、山侧和坡地上。走过崎岖的道路和石桥，不时地出现种种意外，终于在第6天到达了"Rongmi Drangu"，官方称为丹巴。

丹巴是边地中最令人感兴趣的一个地方。在它之上的革什扎河和东谷河交汇于丹巴附近，咆哮着流过悬崖，与下面的小金川双双怒吼着共同流向一

个箱形河谷。官方对这一地区实施的铁腕统治就像是上述的两条河流，因此这个世外桃源里住着许多奇奇怪怪、形形色色的人群，这对官方来说极具价值，同时对人类学研究也有很大贡献。丹巴城里至少居住着3到4个戎人支系。另外，当地人非同寻常的甲状腺增加了研究的价值。测径器和卷尺的测量揭示了一些重要的差异，这是环境或病理因素无法解释的。但是，对于任何受过训练的观察者来说，这样的观测结果违背了分析原则与合乎逻辑的解释。因此，我们应该全面考察服饰和行为，这比头部测量或生化指标更准确地展示了族群心理方面的特征。

我们在雄伟的塔楼和城堡中停留数日，这里的巴旺和巴底居民深受甲状腺肿大的苦痛，我们想马上回去研究那些在丹巴街头身着节日服装的人群，这是个难得的机会，保佑城市的神灵外出巡视，人们身着节日盛装，在干净的街道上举着随风飞舞的旗帜，齐声赞美欢迎神灵。这可以说是一种宗教仪式，但人们的劲头让节日看起来更像一次族群大会或买卖牲口的集会。作为学者，我们在当地也研究异域风情、习俗、族群和他们的心理反应。为此，我们准备了数日，直到第15天才有收获。当天早上，来自四周聚居点的人群组成仪式队伍出现在山上或山谷中。他们或单人，或组队；有徒步的，也有骑马的；有空着手的，也有拿着东西的。他们从荆棘丛生的山间小道上走下来，越过山脊，排成一队过桥，或三三两两组成一群，最后聚集在城镇里面、附近的广场和开阔地。仪式就要开始了，我们认为这个男男女女、土司和农夫的集会，同时也是好坏强弱、年轻漂亮和年老色衰的集会，在任何方面都引人注目。作为人类学研究的中心，它的价值是独一无二的。我们几乎无法完全描述集会的情况，但从纷乱的情形中，我们会竭尽所能厘清线索。换句话说，我们会注意自身着装，约束自己的行为。

为了做好前一项工作，我们应从当地的汉人入手。住在城里的多为外来移民、来往的商人和官员，他们的服饰毫无特点，这个城就是他们的杰作。城镇是汉区的一部分，服装也是典型的汉式，这些服饰或许有些过时了，所用材料也很差，且做工粗糙，但那些固执己见、追随成都时尚的人会在衙门里找到他想要的内地丝制服装。至少，他们会看到一些梳着毛刷般的头发，戴着手表和彩色眼镜，穿着皮鞋，头戴外国式样帽子，用琥珀或翡翠的烟嘴抽烟的文员。但是，我们对这些东西并不感兴趣，便开始试图研究更复杂的习俗，譬如金川那样不同种类的族群材料。事实上，移民和便利才是决定因素。大批来此的客人，本身也是山区农夫，既不受潮流影响，也没钱制作昂贵的服装，以及时常更换服装样式，也不像牧民那样，在衣服上逐渐增添更多的颜色和佩戴大量饰品。忽略那些光脚的，或只穿便靴绑腿的人，各种各样、色彩鲜艳的软皮靴足以让人考虑这样一个问题：那些曾经居住在寒冷地区的人是否对来到藏区和格陵兰的移民产生过影响呢？这些人从腰部到膝盖都穿着蓝色、黑色或白色的棉布"短裤"，这种穿着十分普遍。然而，上衣的样式、布料和颜色变化很大。身上的夹克似乎源于满族，有的有衣领，有的没有，大多缠着腰带。上衣通常挂着许多不同材料制成的纽扣，尤其引人注目。硬币在当地很受欢迎，其中包括维多利亚女王青年时代或最近一位葡萄牙国王出生之前铸造的卢比。尼泊尔士兵制服上的纽扣一定是某个时候被牦牛运输队带到藏区的。当地生产的布、汉区生产的材料与藏区的毛皮所制的衣服展示了草地样式的特点，这些衣服在街上随处可见。这样的衣服，可能始于汉唐，因为有肩带和腰带而变得越来越短。或因肩部的尺寸变小，腰部可用腰带绑起来。男子的头饰或多或少受到多元文化的影响，有人剃光头，有人像喇嘛一样留短发，也有人留着辫子。如果头发因人为或自然的原因变长，人们就把它盘在头上，有的戴上头巾，有的披散着，用金、银、象牙、绿宝石、珊瑚或其他有价值的东西加以装饰。这种独特的发型深受当地官员和牧区人的喜爱。当然，大河附近的地区是看不到这种流行样式的。人们身上常常佩戴着大尺寸的护身符和精心制作的手工品，还有长长的珊瑚耳环，由银线穿起来的玛瑙，大拇指上带着让人惊异的象牙指环。接着，我们又在皮带上发现了奇特的设计：银质的戒指出奇的大，上面包着珊瑚或绿宝石；绿宝石项链上镶有天青石和玛瑙。最后，男人手上的剑也装饰着不实用的宝石，看上去特别漂亮，而山这边的农夫身上几乎见不到这些东西。

　　如果男人的装束一直保持从汉至清以来的样式，那么妇女对那些穴居时代遗留下来的东西具有双重影响。比起男人来，她们更注重装饰自己。她们的头、耳朵、身体、手臂和手指上都戴着金银饰品，以及其他有价值的或依照习俗所制作的东西。这些东西包括硬币、贝壳、绿宝石、海螺碎片、玛瑙和象牙，所有这些都可以镶嵌在戒指、坠子、纽扣、皮带扣、护身符、胸针、项链和五颜六色的编织物上。头发通常用一块黑色、白色或蓝色的方巾包起来，这大概是展示镶嵌着珊瑚和绿宝石银饰品的最便利的方式。女式耳环在工艺上与男式略有不同，但使用的材料是一样的。这些耳环如此之大，以至于把耳垂都拉长了，有时甚至把耳垂弄伤。戒指上一般装饰着珊瑚、绿宝石和其他"贵重"的石头，看上去十分俗气。脚上的皮靴颜色各异，采用藏式风格，最近才在里面加上棉制的垫子。这种变化可能是来自汉区民间的影响。项链、纽扣、护身符、皮带扣和其他细小的物件挂在脖子、手臂、胸

第四章 文化研究

口和身体的其他部位。上面描述的大部分东西都来自其他文化,只有未婚少女和没有生过小孩的妇女还穿着最初遗留下来的服饰。这是一件缝制的双层斗篷,从肩部延伸到腰部,斗篷不宽,遮不住身前,但可用附有羊毛线的腰带把它捆起来。羊毛线部分可能宽 3 厘米,每股有不到 10 根毛线。在巴底,人们或许会用红色的穗来代替它。斗篷和腰带可能源于玻利尼西亚(Polynesian)。"土布"上面有图案和镶边,已婚妇女衣服前面一般制有美丽的花边。少女或未婚妇女穿着这种简单的衣服,头戴镶着珠宝的头饰,这种特别的穿着起到引人注目的效果。然而,很久以前宗教领袖和皇帝曾下令禁止这种穿着,轰轰烈烈的反抗斗争证实了这种变化。敕令、绝罚和祈祷并未产生什么影响。由于社会产生了潜移默化的影响,公众的看法也逐渐发生变化,30 年前意想不到的东西几乎在今天成了人们常见的穿着。

接下来,当地人的行为引起我们的关注。当然,在处理丹巴服装问题上,我们必须要考虑行为的因素,现在我们应该更加详细地描述人们在重要节日不同寻常的氛围中的反应。因为没有受到更多异域文化的影响,妇女们首先引起我们的关注。她们都非常害羞,有时还刻意地掩盖这一点。你会发现,她们偶尔单独一人,多数情况下成群结队,或坐或站,或以各种姿势斜靠着,或到处走动,每一步都让人怜悯。她们双目无神,相互玩笑推挤,咯咯傻笑,用各种腔调喋喋不休地谈话,或在一旁耳语。她们或许在野外漫步,在柜台上交易,在"男人"店里吃饭,给朋友"好眼色",对生人怒目相向,在角落偷窥,用奇特的语言诅咒他人,如果欧洲人对她们的容貌和服装表现出过分关注,她们就会像鹧鸪那样一哄而散。年轻的和中年妇女都是这样,老年妇女一般不会。另外,汉区的未婚少女要么在柜台上忙碌,要么在货摊上煮东西。

男人没有像妇女一样成群结队,他们似乎有明确的目标。总体而言,他们的行为更普通。大部分男的来自四周的农村,所表现出来的特点也不明显,他们不善于和外人交谈,并不急于表现自己。但是,青年男性似乎要外向得多,不论什么理由,他们都会变得好斗。如果一个旁观者沙哑的嗓音和带口音的外地语引起当地人不快,情况会变得更为复杂。从今往后,你或许遇到一个确实非常粗犷的人,身上挂着一些乱糟糟的饰品,穿着皮衣。他走起路来就像一个罗马执政官,你不禁会想,如果你赤手空拳在绰斯甲或土匪横行的地区遇到他和他的同伙,到底会发生什么事。在其他地方,小说家或许会把他想象成穴居的猎人,或者弗兰格尔岛(Wrangel Island)的海盗。喇嘛同样蓄着短发,身穿宽大的袍子。当他懒洋洋地露出神秘的微笑,你会认为他不怀好意。接下来，你或许会发现他是个非常好的人，并没有传说中的那么可怕。来自汉区的人有必要了解这一点。当地的移民有店主和商人，他们不会错过任何机会。一些人思想简单，言语粗鲁无礼。他们身上的文化已经停滞不前，但有父辈财产支持的下一代人力图改变这种状况。当然，我们也发现了等活儿的苦力，货摊边和简易旅馆里的小贩，他们没有给我们留下多少印象。衙门里的各色人等仿佛神秘图画中的特写。事实上，官员是反对这种"秀"的，所以他的责任越发明显，他的同僚亦是如此。官员大都年轻，有思想、有抱负。不幸的是，没有几个人会讲当地的语言，也没有几个人精通比较心理学。况且，书吏中也有缺乏经验的年轻人，说话不注意还愤世嫉俗，他们的观点不切实际。在丹巴，正如边地的其他地方，我们很快意识到政府有一个明确的目标，并用实际的结果努力证明自身的政治理念。军队的代表明确地实施着这种政策。可惜快速反应骑兵部队不合格，缺乏训练和偶尔失误的情形可能会在一定程度上让当地人兴奋不已。仪式结束时，乱哄哄的人群离开了，骑兵、步兵才从侧翼包围过来，围住了神像及其配偶，每条街道和小巷子里的人欢呼着向一个大呼小叫不可名状的家伙表示敬意。在此之后，大部分人群四周散去，或去老店，喝酒争斗，或在公众场所、仓库和街道角落大声喧哗。

　　神像的设计及镀金都表明了当地人的想象、精湛的手工和献祭的目的。在我看来，这也表明了人们对神的乞求。当人的聪明才智发挥到极致时，"逻格斯"（Logos）的观念离他们是多么的远啊！在中国，令人奇怪的是"天"（Tien），这个众神之神从来没有一个具体的形象，也不局限于建筑中。我们也别忘记，一切有形的东西在力量和高贵方面都比不上"天"，就像是小衙门的扈从与皇帝"天子"的关系一样。希望人们通过书籍领会逻格斯的真义，我们也乐意在漫长的八月里成为节日人群的一部分。到了晚上，一部分人散去了，以前庞大的人群再也见不到了。我们大量的西方文献已被带到那些欧洲人无法企及的峭壁陡坡的聚居点去了。第二天，我们看到一个人撕毁了两本书和四个小册子。

《华西边疆研究学会杂志》，第5卷，1932年

第五章 人群与地理

第一节 四川古代戎人及可能存在的后裔

对我们来说，要研究这样的题目并非易事。起初，我们曾假设，在华西边地更北端的地方存在一个史前文明，其来源和命运无人知晓。后来我们了解到，一些源自不同人群中心的史前移民，他们存在的时间比尧和舜所在的时代早几百年。这些流亡者在新的土地上组建部落，之后一直在诸如占领、驱散、重聚、异质文化等形式的影响下持续变化，一部分人群在气候和地形的作用下消亡。随后，我们在史书中了解到有关生存时间更遥远的族群，他们组织起来主动与中原地区断绝来往①。这些人占据遥远的地域，那里土地肥沃、风调雨顺，且远离他人的迫害。随着人口的自然增长，加上来自中原地区的流亡者，这些族群很快就把新开辟地区的资源消耗一空。

在这种情况下，他们不得不去占领其他地区，并联合起来组成一个群体，以执行国家的职能。这清楚地展现了藏区内同源人群的族群分类，不同因素对于族群分类的变化发挥出不同的作用，比如气候和地形。对奴隶和战俘的需求导致他们向外扩张，抵御边界之外其他人的渗透，有选择地重新合并和分离。在这样的环境中，其阶层结构非常复杂，只有通过对研究对象进行仔细研究才能把阶层结构分辨出来。

这些材料不是学生们能轻易接触到的。过去有观点认为，人们无法找到某一纯粹的族群。然而，我们猜测这样纯粹的族群在边界接壤处是存在的，因为他们严格执行族内通婚的规定，加上对宗教信仰的墨守成规，所以并没

---

① 译者注：作者此处的叙述似乎是对《后汉书·西羌传》"至爰剑曾孙忍时，秦献公初立，欲复穆公之迹，兵临渭首，灭狄䝠戎，忍季父卬畏秦之威，将其种人附落而南，出赐支河曲数千里，与众羌绝迹，不复交通"这段记载的解释。

有发现各族群之间存在大规模的混合。即使在某些族群中存在这种危险，异质文化的因素也逐渐被清除掉了。我们希望在后来出现的族群中发现有关古代族群的名称、语言、习俗和身体特征。本文里，我们对戎人及其在华西传承至今的后裔更感兴趣。

首先，"戎"这个词在发音上的问题有待解决。现在语音是"Yong"或"Rong"，但它以前叫什么还有待考证。我们猜想它是法语字母中的"J"略带有"r"的发音。如果是这样，那么它的发音就可能是戎（Rong）、中（Zhong）、祖（Zung）或宋（Sung）。

对"匈奴"的"匈"的研究或许向我们表明该如何接近古代的发音。它也可能是"Zung Kang"和"Sung P'an"的变音（也可能是"Rung"和"Sung Kang"）。随后，我们会在嘉戎（r'Gyal Rong）人中查找"戎"在藏语和戎语中的含义。另一个证据链可从藏区的一个地名，以及喜马拉雅南部的居民和地区中引申出来。因此，我们应该引入可以为之作证的地区和人群：汉区、藏区和边疆少数民族。

一、汉区

在这项考察中，我们使用"Yong"这个字，它比"Rong"更为古老。毫无疑问，这个名称有着某处"准族群"的重要意义。汉族的字典和史书是最好的证据，在一定程度上是可信的，并且清楚地表明了这一点。我们得知"Yong"用来泛指中国西部的少数民族。正相反，东部未被征服的人叫"夷"，南方的叫"蛮"，西部的叫"羌""番"和"Yong"，北部的叫"狄"。分布在四川西部的"氐"与"西戎"有关联，"羌"也来自同一族群的一支。史记将之称为"西戎"（Hsi Yong）和氐羌（Ti Ch'iang）。我们从其他字典上得知，"氐"就是西戎。在罗存德（Lobseheid）所编《英华词典》第1318页上，"四夷"这一词条中，我们看到西部的"蛮"被称为"羌""番""戎"。

那么，"西戎"属于原来族群的哪一分支呢？我们得知，舜将"三苗"赶到了三危（藏区某处），随后同样的地区成了"所有羌和戎的领地"。另外，在大禹时代，我们可以确定的是禹贡（Tribute of Yu），岷江峡谷的羌部落以及卫藏。但另一种解释是，西羌（His Chi'ang）从湖南的中心地区来到西部地区。如果我们认为"三苗"是分布广泛的土著，那么两种说法都可能是真的，而且出现在华西的羌人流民可能就是同源人群的重新组合。这些人或许在一定程度上受到了外来因素、气候和水土的影响。总之，无论其种族的血统是否纯正，很早以前，中国的历史学家就在《史记》中专门使用

"羌"和"戎"来指称这些人①，概言之我们可以相信它所表达的意思。研究边疆人类学的人会对这些从多个来源中任意挑选出来的样品非常感兴趣。

我们从《史记》中了解到戎分为几类，且分布广泛。他们势力强大，并在大禹时代向中原王朝进贡。《西藏图考》告诉我们，秦准备"终结"所有非汉族的少数民族，其中就包括戎②。晋朝有关西戎的记载中也提到这一点③。同时，我们也在唐朝的记载中了解到，汉朝学者把西方边境以外的异族视为西羌或者西戎。在同一朝代，叙府（Suifu）就是戎州（Yongchow）④。大约在公元735年，与岷江峡谷相连的地区有一个城市也叫"戎"，它被吐蕃（T'u Fan）的军队摧毁，且羌和西戎在民族特征上有明显的区别。几年后，一支精力旺盛的西戎，在敦煌绿洲发展起来。史书中频繁出现"戎"字，表明长久以来在甘肃一带戎的活动相当活跃。

二、藏区

藏区与中原王朝发生联系始于唐朝。正是这一时期，世人初步揭开了它神秘的面纱，并在历史上写下关键的一笔。人们必将记住它所展现出来的一切。争论在于，"戎"（Rong）（而不是 Yong）更多的是一个地理术语而非族群术语。我们或许能从岷雅（Minyag）九戎中找到一些提示："Rong Mi Drangu""Nyag Rong""Ts'a Rong"和藏区的"Rong Yul"。除此以外，藏民把锡金、尼泊尔和不丹以及雷布查人（Lepchas）等山谷居民也称为"戎"。"戎"这一名称只表明一个农耕社会，它与占据高纬度草地的"农场主"截然不同。我们并不认同这一说法，藏区的"Rong"与汉区的"Yong"有关联，历史也不允许我们假定后者原本是一个地理术语。事实上，从藏区的角度来看，"Yong"并不是一个族群术语。与传统的形式不同，它的历史开始于公元650年，汉区的记载却早2000年。另外，相较之下，汉区的历史记载更可靠。因此，当我们把一个民族的称呼"Yong"读成"Rong"时，研究东方学的人也毫不诧异。由于对同音词产生了误解，

---

① 译者注：可参考《史记》卷110，《匈奴列传》。
② 译者注：作者此处所言的内容可能是《西藏图考》卷2，"西藏源流考"中抄录《后汉书·西羌传》有关秦穆公、秦献公对羌人进攻的记载。
③ 译者注：在《晋书》中，吐谷浑、焉耆国、龟兹国、大宛国、康居国和大秦国列入西戎中。此处，叶长青所指，是否系吐谷浑拟迁徙之事？
④ 译者注：《括地志》载："犍为郡，今戎州也，在益州南一千余里。今益州南戎州，北临大江，古僰国。"详见李泰：《括地志辑校》，北京：中华书局，2006年，第208页。

藏区就具备了地形学上的价值。向藏区权威人士询问"史前的羌与'Yong'在哪里"时，他们表示从未听说过这些名称。如果他们仔细思考，其信念可能会动摇。因为即使在藏区，"Rong"一词也向来具有重要的地形学含义。举例来说，在印度藏学家 S. C. 达斯（S. C. Das）所编的词典中，"嘉莫戎"（r'Gyal mo Rong）一词缩写成"嘉戎"（r'Gyal Rong）。我们得知它是位于藏区东南的一处封建领地。"杂谷脑"一词中写道："此地位于嘉戎，康区东部，与汉区相邻。""嘉莫"可能表示这些人是由女性统治的"Rongs"或"Yongs"。如果在这种情况下与汉区的历史记载相一致，那我们并不吃惊。事实上，这些人可能是古老神秘的"母系王国"的后代①。就一些嘉戎藏族组成的封建领地而言，"嘉"这个字可能用来强调地区，就像丹巴地区的丹巴戎一样。另一个封建领地叫作"Zung Kang""Sung Kang"或"Rong Kang"。这可能又是相同的字，重点在于"Rong"或"Yong"所体现的族群价值。

三、当地的证据

当地的证据是有关文化、民族体质和语言的。除了定居的农夫及附属的家畜外，他们的建筑风格在许多有趣的方面与藏人（Bodpa）②的不同，这一点难以解释，就像无法用地理因素来解释族群构成一样。许多地区的山坡上分布着诸多高大的塔楼。除藏传佛教外，这些古老的边民都是虔诚的石头崇拜者，他们认为白色能辟邪。另外，他们的习俗、迷信和崇拜对象是其近亲藏人所不知道的。毫无疑问，他们的体形表明他们与当下的藏族和可能是史前人种的类型截然不同。他们身上偶然出现的类亚美尼亚人的鼻子和突出的长手臂大概是产生于不同地区的种族特点③。

我们得知他们的语言叫作"Rong s'ke"（戎语），与常见的藏语方言有一定差异，但与其他分布广泛的语言群体紧密相关。以嘉戎语为主要语言的地区有巴旺、革什扎（Ge Shi Tsa）、道坞（Dawo）、牦牛谷、雅鲁一带以及岷江下游一带部分嘉戎部落。表 5-1 中，我们可以看到"Rong s'ke"仅与藏语有一点儿联系，与嘉戎语相似，与羌语和诺苏语或哪氏语密切相关。

---

① 译者注：即东女国。
② 译者注：Bodpa（博巴）为藏族自称，也有音译为蕃巴的。
③ 译者注：此段论述为叶长青个人的随意猜测。无论从过往或是从当代的人类学研究来看，叶长青所指向的这个地区的人群无可争议是藏族。

当然，用地形学还不足以解释其与游牧部落语言的差异。部分地区可能把"Rong s'ke"当作"Lo（ng）-ke"，或许是因为汉人把"Rong"视为一个藏语词汇。

类似的语言变化出现在"Rong mi Dram'Go"中，这是丹巴或章谷（Chungku）的本名。毫无疑问，"Rong mi"在此指的是"戎民"，如同位于杂谷脑西北的群体一样。但对汉人而言，这个名称通常叫作 Ro，Lo 或 Ru Mi Drangu。在此基础上，猜测"Rum"指的是"罗马"纯属无稽之谈。而且，"Rum"在藏语中用来指称"土耳其"（Turkey），它曾是罗马人的殖民地。"Ru"可能是"Yong"或"戎"早期发音的近似音，因为嘉戎名称的发音和书写最后一个音节是"Ru"。有趣的是，相比其他边民，嘉戎人把所有藏语文字中难以理解的组合都正确地翻译出来了。例如，他们把"Brgyad"成功地翻译成"Wur Yat"，说到"嘉戎"，他们却将其读成"Ge Ru"，所以我们可以假设现在的名称出自藏区。在其他地区，我们发现"r"颤音既不是一个通用音，也不是一个基本音。比如，"Zhung""Hsiung""Song""Zung"和"Yong"，这些字的发音频率与"Rong"相同，上述情况表明真实的发音类似于法语"j"或藏语"zh"的发音。从不同的发音逐渐变为"Yong"和"Rong"，这种变化如表 5－1 所示。

总之，看上去"西戎"可用来概括藏区的当地人，且表明羌、氐、吐蕃，加上那些从文化层面来讲被称为"藏族"的人群都是同一来源的人群。人们也认为，"Bodpa"语中的"戎"是一个地理术语，它产生于华西，是一个具有重要族群意义的同音词与其地形学意义相混淆的产物。我们猜测，金川部分地区的语言仍然保留着这种族群意义。然而，在这种情况下，我们倾向于认为讲嘉戎方言的族群是西戎的分支。

表 5－1　川西民族语言比较

含义	藏语	嘉戎语	河口	诺苏	巴旺	岷江峡谷
靴子	Lham	Tigtse	Zih	Zah	Zi	（Pa）Chu
男孩	Bu	Ta bu	Zih	Zih	rDzi	Chie
母牛	Ba	Ningu	rZha zhi	Ugh	Hsie	Ratzi
狗	Ch'I	K'e	Ch'uh	K'uh	K'uh gu	K'uh
眼睛	Mig	Timyeg	M'nieh	Mieh	Mao	Nyia
山羊	Ra	Ki so	Tsa	Tsa	Tse	Tsa

续表5-1

含义	藏语	嘉戎语	河口	诺苏	巴旺	岷江峡谷
马	rTa	nBoroMo ro	Gee	R	rYi	Ro
房屋	K'ang pa	Ti chem	Yie	Gie	Yo	Chie
猪	P'ag	P'ag	Vei	Po	Va	Pia
绵羊	Lug	Ki yo	Yi	Yue	Yih yi	Tsa（?）
天空	Nam	Ti mu	Mo	Ma	Murngai	Mi
牙齿	So	Ti s'we	K'ueh	Ho	Hsue	Hsu

河口位于威州约600公里外的河谷中，中间住着讲河口方言和嘉戎方言的藏民。表5-1中第三至第七行都有可能是嘉戎语的变化形式，早于吐蕃几百年。与其他族群间的相互隔离可以用来解释这种不同的情形。诺苏和岷江山谷中关于"马"这个词的发音很有意思。嘉戎语中它是"m'Boro"或"Mo ro"，可翻译为"一匹马"。"gee"和"r'Yi"都是"R'zhi"的变音，这一变化排除了藏语中"r"的发音。

《华西边疆研究学会杂志》，第6卷，1934年

第二节　萨尔温江的俾格米人

我们注意到，在《西藏图考》中，提到大约在东经98度和北纬28度之间生活着一支少数民族。据说，这些人是生活在荒山野岭和穷山恶水之中所谓的"食人族"。阿萨姆邦到巴塘的一条边界线在其北部，另一条边界线从察卡（Chiang K'ao）到腾越（T'eng Yueh，今腾冲），这是他们所在地区的东部边界。下面是《西藏图考》中关于人类学的部分记载：

距西藏南部数千里的地方是古代的卡止（K'epu Chan）。当地人未曾受佛教的影响。他们裂唇，身上涂着五颜六色的纹身。他们渴望食盐，却不耕不种，既不在洞穴居住也不在树上筑巢，冬天穿兽皮夏天穿树叶，以毒虫和动物为食。这些人（汉语记载中称其为珞瑜）被藏民称为珞卡止（Lo Chia Chï）。拉萨当局习惯于（或曾经习惯于）把罪犯押

到萨尔温江地区，最终把他们放到野人当中，分给野人吃掉。①

《西藏图考》中数次提到这些珞瑜"食人族"，藏族历史学者认为他们是"Mirya"。但是，汉语中的珞卡止更有可能是拉萨人所说的"Lo K'a K'ra"。如果真是这样，我们猜测他们大概是阿卡人（Akas）或僜人（Mishmis）的分支，抑或是与之有关系的族群。

1911年，作者曾两次遇到过俾格米人，我怀疑这些人与所谓的"食人族"有关。第一个是一位身高不到1.2米的妇女，一位汉族士兵陪同她回理塘。这个士兵以某种方式成了这个矮人的主人，可她的身份到底是什么，妻子、吉祥物还是别的什么呢？我们不得而知。后来，也是1911年，我在门空（Menkong）（北纬29度，东经98度）又一次得到研究俾格米人的机会。经笔者测量一些个体发现，大体而言，男性高1.8米，女性高1.3米左右。多数人都被他人奴役，这解释了他们为什么出现在门空，为什么总在一起干活而不是单干。其中一位女性奴隶来自不同的家族，身上涂抹着美丽的花纹。②

1911年之前，门空是一个公开买卖人口的奴隶市场。俾格米地区非常重要，被称为"Tsong Yul"，即"贸易市场"。

《华西边疆研究学会杂志》，第6卷，1934年

---

① 译者注：原文系"南至珞瑜菇巴之怒江为界。由拉萨东南行一日，过锅噶拉大山至宋布堡，过米噶拉山、扎拉山，至押噶，交藏江，至怒江，皆有隘设防，按其地疆址广阔无垠，不能悉载。而怒江之水，不知其源，江宽数里，两岸壁削，中流急湍，人莫能渡。其北一带，亦名工布，绵亘颇广，南即珞瑜，中隔一江。珞瑜乃野人，名老卡止，嘴割数缺，涂以五色，性喜盐。其地产茜草、水竹、紫草茸。不耕不织，穴室巢居，猎牲为食。藏内有犯死罪者，人解送过江，群老卡止分而啖之。西南接布鲁克巴、巴勒布、通西洋等处。自怒江北五日至咱义，四日至桑阿却宗，又九日至灵卡石"。详见《西藏研究》编辑部：《西藏志》，西藏人民出版社，1982年，第7页。然而，这段记载是错误的，早在清末，亲历此地的清军将领程凤翔便指出其错误之处。

② 译者注：作者似乎描写的是当时聚居滇西怒江上游及独龙江的当地人。

第三节　尼姑庵和尼众

在中国西藏西部靠近印度的边界，有一所由一位女性佛教徒掌管的重要尼姑庵①，佛教徒把她称为"金刚亥母"（Diamond Sow）②。母猪身上出现一块钻石是件稀罕事，但藏民族对此早有解释。我们得知，大约250年前，尼泊尔人入侵中国西藏，逼近这个著名的圣堂。尼姑面临重大危机，这时一群猪出现了，她通过某种魔法变成猪，混在猪群里逃了出去，避开了迫近的威胁。

当然，我们不信这种说法，但必须承认，藏民相信神有权进入女性的身体，女性也有掌管宗教机构的可能。

同样，藏区的尼姑和尼姑庵一样稀少。如果欧洲人有幸看到其中一位，将是一个非同寻常的经历。吹毛求疵的朋友或许会责备我，藏族的信众何时成了考察计划中的一部分呢？难道这不会引起当地人的反感吗？但我的回答是："官方同意我的计划而且有官员陪同。另外，我保证一行人规规矩矩。"

多年来，我一直听到有关"圣姑"（Holy Women）的传说，并且在藏区山谷和山上见到过她们所谓的同住者。但是，尼姑庵一直处于只有少数人见过的半神秘地区，因此，大多数类似的报道好像令人难以置信的神话和传说，只是为了满足欧洲人的好奇心。有一天，某个一脸严肃的藏民告诉我在哪里可以找到最大的尼姑庵，但因我的时间有限，把这个机会错过了。随后，我在附近因事故受阻，对尼姑庵的考察却让我从沉思的困惑中解脱出来。所以，一天早上，我们出发了。全程不到2公里，但在3600米的高原上即便走半公里也不是一件轻松的事。

在路上我们得知，尼姑们在一年前就离开了。废墟的形状有助于我们重构故事的真实性。我们继续上路。忽然，在没有向导或从自然界得到任何提示的情况下，尼姑庵的遗址出现在我们面前。眼前的一切都表明这是一个隐居之所，或是小偷的巢穴。这里仿佛是地下坟墓中的灯光，或是任何更暗的东西，又或是隐居深处而无人能见。除了写下"Ichabod"③，你会开始想象我们有多失望。更有甚者，这些微不足道的废墟可能会被当成地表不规则的陇起。

---

① 译者注：可能是西藏吉隆县的帕巴寺。

② 译者注：神名为多吉帕姆，猪神，女性神祇，象征三毒中的"痴"。叶长青在此处可能把供奉的神灵与觉姆（尼姑）混为一谈了。

③ 译者注：全称是"Ichabod Bennet Crane"，是小说《断头谷》（1820）的男主角，叶长青用此来形容看到的阴森景象。

但是，这是人类居所的废墟，而非盗贼或流民的居所，是藏族妇女精神引导者的住处。我们仔细检查了废墟，一年后，我们从参观的新尼姑庵那里获得了极有价值的信息。当然，考察住所是没有问题的。我发现藏族尼姑住所的面积一般是 6 平方米，高 0.9 米。由于这些人的艰难处境，她们自己建造的房屋说不上美观。这些房屋永远不可能令居住者感到舒适，里面放着书、厨具和一些零碎东西，即使是一个体形很小的人住在里面也会像罐头里的沙丁鱼一样。在屋子里，尼姑不得不弯着腰，睡觉时还得蜷着身体，或像神佛那样盘腿打坐，她们在任何情况下都不可能伸直身体。这些房屋全部挤在宽约 180 米的院子里。据说，有一次这个狭小的院子里住了 300 名追求圣洁生活的尼姑。我并不是研究藏族尼姑魔幻能力的专家，但在一些睿智的厌世者看来，她们身上完全不存在对人的诱惑。

男人们对其表现出来的恐惧是多么的不同啊！这个住所的下面是寺院的庞大建筑群，房顶上安着镀金瓦。在那里，许多不洁的男人在不同仪式指引下，脱离了俗世的诱惑。

尼姑们为什么会离开呢？是苦修扼杀了她们的热情吗？或是所处的位置与佛教的教导相违背吗？不，这样的妇女团体仍然存在，所在地恰好符合正统的要求。另外，有情况表明这些妇女有首领、有武装，并饲养凶猛的家犬，以致好奇的男性无法靠近方圆 5 公里的范围。扰乱山间幽谷和平神圣氛围的并非是艰难的处境和不幸的选择，而是出于当地佛教组织内部的嫉妒。

我们在当地听到一个传说，一位不同寻常的圣人掌管着某个喇嘛众多的地区，其中也包括尼姑庵所在地。他被指控误导信众并滥用俗人的供奉，虚假的证人和证言加上一些微不足道的指控引发了一系列恼人的诉讼。这位"战胜魔鬼"的圣人几乎被族人孤立，逃避或疯狂是他唯一的选择。最后，他选择了前者，离开尼姑们前往另一个地区，在那冰雪覆盖的山顶修建了另一座寺院。它的海拔大约有 3900 米，阴暗的盆地山谷可能是魔鬼或饥饿灵魂的巢穴。但他并不关心这些（我们也是一样）。一天早上，我们开始了非同寻常的朝圣之旅。在路上我们拜访了一位老年的圣人，他热心地为我们祈祷。我们骑马上山，从一个开阔山谷来到金色阳光照耀的盆地边缘，这里的景色让人觉得一路的辛苦没有白费。这个巨大山脉的后面既高又冷，支离破碎的山丘让粗心大意、胆大妄为的人走向灭亡。显然我们已经接近所关心的东西了。我们面前就是其中一位圣人的隐居之所，山谷中耸立着一排排不知名的隐居者的棚屋，他们正忙于评论我们的旅程。有人问："那是尼姑庵？"向导回答："不，这是神圣隐士的家，他们已经脱离俗世。"对我而言，这些人像乞丐，身上很脏。但尼姑庵在哪里呢？围着深坑的围栏映入眼帘，周围没有其他设施。我们继续向前走5公里后，突然有一种感觉，杀气腾腾的首领带领着女战士，或一群受训撕咬入侵者的猎犬会立刻出现在我们面前。然而，在金色阳光的照耀下，周围笼罩着压抑的死寂，碧空盘旋着兀鹰。接着，在山丘后面，我们突然看到一个有着高高的围墙和厚重大门的建筑，它可能是荒野中的废墟。此时，周围一片沉寂，听不到兀鹰和猎犬的叫声，高处也没有全副武装的女战士。我心里最想说的是"向右转，赶快走！"陪同的人却不这样想，他们已经开始敲门。"干什么"，一张奇怪的脸出现在门上的方洞里。接着，一阵交涉后，门开了，我们走了进去。眼前的景色让人兴趣索然，我们只看到一大片简陋的房屋，类似的废墟以前就见过。我们能找到令人感兴趣的东西吗？是的，剃了头的妇女一脸严肃，穿着僧袍转身对我说："未经同意男子无权来此。既然官府同意了，我们才开门。你们可以自由活动，但如果你们是绅士，就千万不要进我们的屋子。"我连忙答应她，并让她知道我此行的唯一目的就是向她们赠送书籍。住持告诉我，她的庵堂里有106名尼姑，并认为我的考察之旅令人钦佩。为了证明她的真诚，住持让所有尼姑都走出洞穴挨个在我面前走过。这个庄严的行进队伍在我面前经过时，我把西方书籍分发给她们。这个考验结束后，你会想在下一步行动前就以某种体面的方式退出。然而，情况并非如此。大约60名尼姑在屋顶上围坐成新月状，认真地等着我讲解书中的内容。住持感谢我的细心与谦恭，并欢迎我再来。我答谢她说，我对此很感兴趣，准备让外人知道甘孜还有一处极好的尼姑庵。她们用藏语对我说"上天保佑你""这才是真正的宗教"。我曾怀疑这种尼姑庵存在的理由，如今却不再怀疑了！

然而，世上没有十全十美的事。在尼姑庵的围墙外面，有一处用石头铺成的碟子般的盆地，里面到处是血迹和尸体碎片。巨大的兀鹰在上空嘶叫盘旋，或在不远处像士兵一样站成一排，空气中弥漫着难以忍受的恶臭。我对此十分迷惑不解，向导告诉我尼姑把死者的尸体砍成数块来喂兀鹰。原来如此，几乎所有见过这种习俗的欧洲人都会对此心生厌恶。毫无疑问，必须有人从事这类可怕的工作，这正好是尼姑制度在藏区得以存在的原因。

《华西边疆研究学会杂志》，第5卷，1932年

第四节　金川族群类别

金川地处康区东部，离灌县大约有 176 公里。这片区域完全被 12 个地方政权所包围，地方政权有军事、政治自治权。这个地区有多个族群，曾经组成过联盟，在经历一系列战争后，于 18 世纪末收归清政府管理。清政府迅速在当地建立一个军屯，下设 5 个营地，以此来重建金川。

金川这个名称原本与金子无关……因河流的主流和支流经此地而分为"大金川"和"小金川"。

我们需要对金川的地形做一些介绍。草地的东部边界是一个位于盆地中央的康区准平原，四周是海拔 1500 米到 3000 米的山脉。汉区这边是支离破碎的峡谷和山脉，地势向东倾斜，中间有起伏，一直延伸到岷江较低的地区。在这个侵蚀严重的地带中心，大渡河穿流而过，向南经过深谷、峡谷和箱形河谷，接着向东劈开瓦山高原，在嘉定与雅江和岷江汇合，最后在叙府汇入长江。我们并不关心海拔较低的河段，但瓦子口 36 公里以下的叶帕（Yepa），有 240 公里的河段位于高地峡谷中。若非如此，这条河流有可能把金川的洼地变成一个山地湖泊。鸟瞰叶帕到金川的地形，宛如一个手柄细长的折皱扇面，扇面是上文提到的盆地，扇柄是一系列穿过该地区的河谷。逐渐变低的奇特地形对盆地般的金川高原有重要的影响，因地势向南倾斜，主河道及地图上无法标记的无数支流不停地侵蚀着地面。我们或许能够看到古老山谷的遗留物。高纬度地区几乎没有任何改变，就像低处的古老湖泊底部那样。在绥靖（Hsu ching）[1]，一个有趣的地势可以用来说明大金川地形。就小金川而言，地形完全不同，可能是从沃日（Ogszhi）河与小金川交汇处约 5 公里上的懋功[2]顺流下的梯形地面。

另一个更高的梯形地面位于大渡河左岸，叶帕村的对面。这个新地形不仅是河流持续冲刷地面的结果，而且是大自然无形的消融力量或其他因素侵蚀作用的结果。这一切加上热胀冷缩的作用、重力规则、地震，以及人为因素直接或间接的影响，共同造就了金川的独特地貌。

除了上述对金川地形的介绍，我们还需进一步了解像冰川那样分布广泛的古老地形，收集更多数据，以及处于形成阶段的地形，包括河流、深谷的

---

[1] 译者注：今金川县。
[2] 译者注：今小金县。

斜坡、滞水区域、峡谷一侧的沉积地、洪水后的沉积物、坡地、湖泊底部、洞穴、山坡、梯形山地、山脊和其他人迹罕至的地区。这种情况下,大地母亲将她的宠儿——智人派往人间。这些人到底在金川存在了多长时间,我们不得而知,但我们试图把他们同抚边(Fupien)周围类似黄土沉积土地,以及受到侵蚀的山谷高处联系起来。判断这些史前人类时,我们进退两难,他们可能从北部的台地和山谷来到这片乐土。如果真是这样,那么历史就对这些人长达千年的活动保持沉默了。我们了解到,这些人不受他人控制,仅在文化上受到藏族文化的影响,极好地诠释了土地的丰产、天然的壁垒和当地人的自由精神。

神的堡垒、拉萨的权力和"巴比伦之塔"却以失败告终。清政府花费大量的人力物力粉碎嘉戎的联盟,并开始重新采取正确的策略。其实,当地人群的变迁从未停止,只是融入最大的族群中了。因此,当族群融合出现在金川时,立刻宣告一种新的族群形式的诞生,并在诸多方面区别于过去的情况。总之,这种新的统治形式对清政府来说是安全的,它能建立并发展商业机遇,确保国家利益不受损失。以吸纳当地人进入统治阶层的方式最终实现对当地的控制。因此,统治阶层周围便有了一条由清政府的统治者所建的警戒线。兵营建于战略要地,有疑问的个人和群体被送往更接近川中的地方。每个屯沿伸出的道路汇集于一个仔细挑选出来的中心,以一种实际的方式交替与成都相连。研究表明,由于人员的流动和死亡,许多地区都需要人,许多能发展的地区没有人耕种,这一切交由士兵们解决。其他人出于发展贸易和保障军需的需要,以多种方式重新开发当地,清政府积极地为当地人建起城镇。这里的兵营为了保护那些想要开拓边地的人,短时间内,懋功成了中心,绥靖成了一个部门,崇化(Ts'ong Hwa)①、抚边和章谷(Chang Ku)成为清政府管辖下的几个地区。六个当地首领和四个土司直接或间接受控于懋功的军事专员,受到慷慨资助的寺院住持直接由北京而非拉萨管理。

上述地域中心地区的详细描述,向我们展现了清政府对族群的划分,以及嘉戎和其他族群分支的区别。

第一,懋功建在嘉戎要塞附近,是所有边地战略要地中最令人可畏的。这个军营位于峡谷的阶梯状地段,在峡谷上游、左岸,以及小金河上是三个台地。第一个台地上,建有政府机关和罗马机构的房屋。下面约380米的地方是一个位于箱形河谷的更大台地,即"新城"。另一个数百米高的台地,

---

① 译者注:今金川县安宁乡。

是一座寺院，尽管现在已经损毁，但曾经相当于一个堡垒。定居点和兵营位于小金河谷和周边 V 形山谷交叉点弯曲处的下面，峡谷河流和台地，以及人群都位于一千多米高的群山之间。作为中心城，人们要考虑更喜欢的建筑类型。例如，离灌县和打箭炉 240 公里的懋功，以及那些离此 100、90、72、48 公里远的卫星城要修建什么样式的建筑。一般而言，良好的道路情况，加上敌人远离周围属地，都让当地政府中心与清政府的其他城市一样安全。因此，清政府和当地人把懋功当作一切事务的最终裁决地，城里也开始进行货物贸易。懋功作为中心的情况一般不会改变，很难想象将来会出现什么事情改变这个地区的优越性。

第二，绥靖。从绰斯甲和党坝（Damba）来看，绥靖是所有卫星城中最远的一个。它是"营"级哨所，拥有一个大的兵营和两个当地的头人。河流上游是待耕的肥沃土地，加上温润的气候，能出产优质水果，其中包括一种著名的梨子。河岸右边的城镇有 30 年历史，地域广阔且发展繁荣。事实上，拓边驻地是经过军事和文化的双重考量精心挑选的。然而，军营的后撤却对城镇产生了负面影响，始终没能改变那些爱挑衅的强大绰斯甲土司的态度。宏观地来看，当地人的生活并未受什么影响。这个镇与河流上游七八公里处的庆宁，都深受成都的影响。但在其他地方，融合政策并未取得预期效果……

第三，章谷和懋功的地位相当。它位于旧属国之内，仍然是大渡河谷中类似巴底、巴旺、革什扎镇的藏族聚居地。当地混乱的局势中，章谷的战略地位最高。与此同时，当地效忠政府的首领把这个城建成一个安全的商贸战略要地。它建在山地居住点下由山体滑坡碎片堆积而成的平地上，处于山脉悬崖的阴影下。这里大约有 200 个汉族家庭，不远处有小型的寺院和重要的土司官寨。在政治上，它隶属于打箭炉，其商贸事务却由成都管理。有一条简陋但非常重要的道路把它和炉霍附近的茶马古道连接起来。

第四，崇化现在是一个孤立的农耕点。它位于群山之间，由于穿过山谷水道的道路崎岖不平，几乎无法通往 47 公里外的绥靖和巴底。真正的出口是通往懋功的道路，这可将其归结于"拓边"政策的要求，即在边地内要占据战略要地。为了取得表面的成功，"光芒源头"的寺院得到慷慨的资助并成为当地政治中心。在那里，土司要对清朝皇帝致敬。那是很久以前的事了，广法寺现在成了一片废墟，这也是对曾经繁荣，即将灭亡的汉传佛教作了一个很好的解释。

第五，抚边。抚边位于懋功以北 40 多公里处，环境甚至比崇化还差。

选择这个地方的部分原因是黄土般肥沃的淤泥，其余原因是绥靖可以通向其他4个土司，理番和灌县的道路也在此交汇。木坡（Mupo）和八角（Pachio）地方头目的驻地与寺院相距不远，整个地区的农业价值尤为重要。距两河口46公里的上游不仅是一个重要的贸易哨所，而且下面山谷里居住着许多少数民族。艰难的时代和令人绝望的反抗让抚边成了一个令人不快的废墟，但如果懋功曾经丧失将贸易汇集到南方的实力，并且从抚边找到一条不受战乱影响的贸易路线，该路线又得到官方许可，那么现在处于争斗中的拓边地或许会成为金川的一个重要的中心。

然而，城市的集中是达到众多目的的方式之一，而发展农业是其中最重要的一种。因此，士兵和大批人群被引诱到河岸与主路附近、定居点旁边和阴暗峡谷的小块肥沃土地上居住。这些受到不公正待遇的人们相互拥挤。有时，10到30户家庭也会聚居在寺院、土司及头人的寨子附近。清政府从未禁止妇女来此，但许多男人发现，当地的女子与汉族妇女一样漂亮，生育能力更强。在某种程度上，这些混合家庭对纯正血统的族群来讲有一定促进作用。这些外来者很少变得富有或成为重要的市民，许多人的地位或许下降了，但大部分人还能丰衣足食。他们有能力交税，并为老人提供些许救济，以及为老人提供某种昂贵木材制成的棺材。

农业和商业的成功，加上合理充足的军事支持与行政管理，成就了当地社会经济的稳固和发展。但是，一个出乎意料的发现引发了当地近乎狂热的快速开发。传说有人凭着自身的能力，本能也好，法术也罢，在当地发现了大量黄金。皇帝对此颇感兴趣，命人继续寻找。他四处搜寻，直到把整个金川都翻了个遍，成吨的黄金终于进了皇帝的腰包。毫无疑问，这个发现对拓边来讲是个振奋人心的消息。

我们提到金川当地的建筑时，如果要作一个对比，那就必须参照汉族的建筑。政府所在地的城镇、寺院、衙门、会馆、商店和民居都是汉式，比省内的少数民族样式更受欢迎。在乡村，汉族小旅店和农舍都采用当地材料建成，在很大程度上遵循当地的建筑标准，并未体现多少汉族和藏族的文化特色。可能在金川的许多汉人并没有摆脱如下想法，即认为自己是在边地生活的外来者。这种情形通常产生一种惰性，容易让事情变得越来越糟糕。由于官府里的部分官员经常流动，这些人自然不会做成什么事情，让未知的继任者坐享其成。

本地利益、官方宗教和农业因素促进当地人群的形成。藏族文化在发展的过程中，除城镇外，在土司和头人居住的中心，以及寺院都获得支持。因此，有必要对各个地区进行详细的描述。

当地的统治者大都在战略要地和肥沃地区集中建造聚居区。官寨与普通人的住房在外形上相似，但大小、内部装饰和相关的建筑特点具有一定的夸张性。比如，巴旺女土司的官寨建于陡峭的山崖中。墙壁、屋顶、角楼、三角形转角、窗户和厕所的形状都与众不同。一座高高的塔楼俯视官寨，外壁上还涂着一层白灰。曾经是边地最好的建筑之一的巴底土司官寨现已被毁，它位于一座山崖上，俯视着混乱的大地。除了巴旺，沃日、绰斯甲的官寨及抚边附近的寨子，这些建筑也非常壮观，多少还带着粗犷的特点。在一般情况下，土司会在远离道路的山间深谷、隐蔽的台地或战略废墟上复制另一座官寨。这些地方让他们有机会从公众视线和官方事务中解脱出来，同时远离敌人的威胁或官方代理人的紧急需求。在一定程度上，所有土司的官寨要负责商人、本地人和汉人所开发出来的聚居区的安全。

寺院是代表土司和当地人的"民主"机构，一般建在一个地区的中心。现在，比起土司官寨，它更有可能在周围形成城镇。由于它是宗教机构，所以从军事上来说并不重要，更不会被用来充当监牢，它没有农业和牧业所需的附属设施。相对于当地常见的平坦屋顶，山形屋顶更能展现富庶寺院钟爱的金碧辉煌。寺院是民有、民享的寺院，它真实地展现了当地人的文化和精神的追求。寺院的节日庆典、盛会、体育和宗教仪式满足了没有受过多少教育的当地人的需求。在活佛、藏传佛教领袖的保护下，拉萨的寺院体现出神圣的"民主"原则。如有必要，会让土司和皇帝平等。1931 年，某个对藏传佛教的评论引起我们的关注。我们艰难地穿越一处海拔 4200 米且对外人不友善的牧区。那时，我们在道路旁看到大片低矮的临时建筑，36 公里内没有看到任何永久性的建筑。这里是 500 名牧民的宗教中心，他们大声疾呼，不愿接受清政府的管理。然而，我们被当作"兄弟"，受到他们的热烈欢迎。之所以如此，是因为我们某个"聪明"的仆人向他们介绍，说我们是达赖喇嘛的朋友。

金川的寺院相比康区其他寺院小一些，但它们的政治力量相当。下面的内容非常重要。巴旺乡有一个规模小但权力大的寺院①。当地的村庄住着 10 户汉人，房屋小且不卫生。那儿还有一些条件较差的藏式建筑以及女土司的办公场所。最显眼的莫过于悬崖般的白色墙壁，上面有黑色阴沉的窗户。它的外形极像寨子，看上去令人不舒服，后面更高的地方遍布的喇嘛住房让其

---

① 译者注：该寺为松安寺。

威严扫地。院子很干净，两侧的房屋修葺一新，表明当地的管理行之有效，且有充足的资金。现在，寺院在册的喇嘛有100名。

在临卡石和巴底，我们看到了相似的寺院，里面住了更多喇嘛。寺院位于山脊上，样式普通，前面有一个四方形的院子。寺院外的石榴园是僧侣的住所，墙壁用鲜艳的颜色装饰一新，阳台上点缀着花草，果树鲜花盛开。这一切都让人羡慕不已，并让他人对屋主有好印象。

但是，巴底从不缺少宗教的恶意。顺溪流而下约两公里，在一个低海拔地区有座苯教寺院，这里敬拜万字符或太阳标记。南面是高低不平的悬崖，西面的高山俯视着这里，前方是奔腾咆哮的大渡河，它刚从峡谷中汹涌而出又流进另一个峡谷。异教徒的家园环抱山侧，组成一幅美丽的图画，这又让我们认为他们比传闻要好得多。我们现在的兴趣在建筑上，而非争论其与东方风格迥异的地方。寺院融合嘉戎、汉族和藏族的建筑风格，具有独特的效果。四方庭院两侧的建筑已残破不堪，令人生厌。但寺院本身是独特的，它在某种程度上与汉区古老城市设防的大门相似。详细地说，它有一个巨大的墩座，高4.8~6米，在这上面建有四面高高的墙壁，约6~8米，最上面是三角形的墙头，看起来像坚实的塔。在地窖上有一个由柱子、横梁、瓦片建成的双层屋顶的建筑，如同在寺院和门楼所见。小一点的屋顶与下面的屋顶保持一致，上面安放着一个大的球体，球上安置着一个精致的镀金塔尖，两个柱子分别支持着南、北两方顶部的建筑。墙壁有些破旧，粉刷的白灰早已弄脏，那些挑衅性地宣称异端存在的黑色带子也已褪为灰色。前厅和敬拜室弥漫着阴森的气氛，当喧嚣的音乐响起，身着奇特服装的人在烟雾缥缈的房间悄无声息地来回走动，让参观者不禁猜测魔鬼是不是仍被锁链锁住。

沿着河流向上走两天的路程，我们来到著名的广法寺，它比不上拉萨的寺院，因为藏传佛教只承认一位最高地位的活佛，他住在拉萨。因此，"光芒之源"只在距离移民地不远处的一个小平原上闪烁着微弱的光芒。

丹巴和懋功中间有一些房屋，居住着60~100名喇嘛。这是一个当地头目统治下重要的山地居民的宗教中心。

在灌县离懋功45公里的地方，我们看到沃日寺院，有人认为这是金川最重要的寺院。

抚边路上，离懋功35公里的地方是著名的八角寺遗址。尽管它遭受过反叛者无情的劫掠与摧毁，但现在当地人正充满激情地重建它。

最后，木坡是连接汉人居住区与边地边缘的聚居地。当地居民人数不超过100人，他们代表了本地的文化特色并且强烈地影响了这一地区的决策。

第五章　人群与地理

　　普通人的居所与处在战略要地的土司住所和中心地区的寺院不同，这些居所必须考虑地形的影响。所以到处都有农耕的寨子。我们在革什扎、巴底、巴旺、雅拉，以及五个位于河流平原和峡谷三角洲的移民地都发现这样的农耕寨子。其他滑坡形成的平地，古代形成的台地，悬崖上的山脊和斜坡，以及高原山脉森林都有这样的农耕区。农夫的智慧和胆量令人惊奇。在绰斯甲，我们猜测小于50度的坡地都有人耕种，居住中心大概位于土司驻地一两千米以上的地区。没有系留气球（Captive ballon，热气球）他们如何上去呢？婴儿又是如何存活的呢？这些问题我们只能留给他人。

　　金川的农夫有更多的选择，从树林和花园中可以窥见，美丽的白色寨子里有一座约48米高的碉楼。背后是河岸与刀片般的山脊，可以从峭壁和悬崖上蔑视整个世界。这些聚居地自成一体，颇有些浪漫的味道。大片房屋挤着组成聚居点，各聚居点间相距甚远，或沿着斜坡和山脊一直向上延伸分布，直到受阻才停下来。少数情况下，一部分寨子沿着斜坡向上延伸，尽头是一座高耸的碉楼。这些建筑在当地非常显眼，让人不禁想到繁荣工业区的一座座高高的烟囱。当地盛行的观点认为，这些建筑是为了防御外敌，抵挡清军的进攻而建的。它们由黏土建成，尽管有时倾斜得厉害，却从未听说有哪座碉楼倒塌过。由于墙边是三角形，这些寨子看起来都像城堡。独特的建筑皆由石头修建，非常坚固，且不止一层。地窖是用来关牲口的，第一层住人，上面一层可能是佛堂、谷仓或仆人、客人和喇嘛的房间。这样的建筑非常适合当地的环境。农场附近都能找到水源和燃料，非常方便。这些寨子既是马厩、牛棚和畜栏，也是谷仓、寺院和神龛。另外，它们还是住人的寨子和碉楼。其设计和所处位置都是为了威慑敌人的进攻，几乎不可能用火或当地别的进攻方式来摧毁它。事实上，如同山谷的岩石和高山的悬崖，这些寨子同样是这片土地的永久标志。即便废墟也没有让它黯然失色，只是像其他自然界不规则的东西一样逐渐消失而已。

　　在金川，白色是迷人的颜色。墙壁上涂着白色，塔楼外表上也有奇特的白色图案。同样，房屋的基础部分也有类似的东西，雪白的石英碎片镶嵌在围栏顶部、墙壁、房屋角落、香炉和任何引人注目的地方。这可能是古老文化的遗留物，这种文化既不是汉文化也不是藏文化，但它对二者都产生了重大的影响。

　　金川的寨子，尤其在巴旺和巴底，都分布在高海拔地区。这些寨子看起来并不美观。今天，无论是突兀的悬崖，或是令人敬畏的峭壁高台，还是翠绿色薄雾笼罩的洞穴，与自然之间的和谐让人流连忘返，旅行者将一生铭记。

有人住的地方就有道路。当然，这些道路建于汉人来此之前，不仅连接各个地区和居住点，而且通往汉区与藏区的重要中心。后来，统治者出于自身利益的考虑将其改建为现存的道路，并新建数条道路。清政府这样做是为了把懋功周边的道路都汇集起来，并连接藏区门户之一的灌县。另一条主路向南通往打箭炉，不止一条道路与通往理番的贸易商路相连。

此外，也有苦力专用的小路通向穆坪，还有三四条小路可能与茶马古道相连。这些道路中有两条最为重要，其中一条穿过革什扎并沿高高的关隘到达西北藏区。另一条通往绥靖上面的绰斯甲，穿过大片荒野来到西藏和青海。苦力、马队和轿夫一直走灌县至懋功一线。这条路偏僻而崎岖，常被大雨浸泡，路旁的小旅店四壁透风，偶尔会提供饮食。两个关口，牛头（Niu T'ou）和巴兰（Pa Lan）都难以通行：前者道路陡峭，后者（3000米）海拔高且气候恶劣。通往打箭炉的道路沿懋功顺流而下，穿过干燥的令人厌倦的地区，途经丹巴附近的大金河（Ta Kin），并穿越深山峡谷和森林，最后来到海拔3000米的开阔地区。地势迅速降低后，进入一个通向打箭炉的开阔峡谷。

懋功到灌县的距离与懋功到打箭炉的距离一样远，都是160公里，道路位于盆地内。除了上面谈到的，其余都是干燥崎岖且陡峭的山路，危险难行，沿途有许多令人心惊胆战的不停摇晃的小桥。尤其是革什扎，经崇化过巴底到绥靖的道路，这里的悬崖和群山让牲畜运输无比困难。崇化和懋功之间的空卡梁子（K'ong K'ou Ri），抚边和杂谷脑之间的红桥（Hong Ch'iao）的情况各不相同，后者在十一月到次年四月难以通行。我们或许可以穿过临卡石和巴底上面的"骆驼峡谷"进入绰斯甲。只有勇敢且足够机智的人，才能游刃有余地通过孔瑜（Kong Yu）道路往下162公里的地方。当地人或汉人经过各种道路来到中心地，这些道路有的跨河流、穿峡谷、过山脉，还有的位于悬崖边缘，走在上面十分危险，通常只有经验丰富的人才敢走。各地道路四通八达，也可乘坐小型木筏相互来往。除了大金河，其余河流上都建有桥梁。人们把圆木架在河上，用石头把两端固定，圆木上再放一根木头，两端同样加以固定，以这样的方式从河两边向中间靠拢，中间的空隙越来越小。最后，铺上一个约1米宽的坚固木板，桥便建成了。这可能是一座坚固得令人放心的桥梁，也可能是一座摇摇晃晃的劣质桥梁。走山路对当地人来说得耗费大量的时间和精力。行走在上山下山的道路上有时是一件艰难的事。相对于正常的瀑布而言，有些地方的瀑布每天可能只有两三滴水从高处滴下。

被征服的民众或许会因政策的反复无常而灭亡，他们可能会被融合，也可能会自愿或被迫全体迁移。他们或许会远遁别处，采取不合作政策，消除篡夺者带来的影响。在某种程度上，后者就是嘉戎政权所采用的政策。这些人在140年前被清军征服。尽管清政府没有对他们采取灭绝政策，但因战事紧迫，最勇敢和最优秀的人都被杀害或转移。重建的希望在国家利益面前不堪一击。同样的原因迫使人们抛弃土地和家园，不得不接受异质文化潜移默化的影响。他们的语言和习俗受到了威胁，自由同样如此。凭着军事远见和政治热情，统治者不仅对土地提出了非同寻常且超乎想象的需求，而且让当地资源不断外流。特别是黄金，这种让人痴迷的东西被成吨地运出金川。

因此，我们可以想象，对金川人而言，被征服的事实，加上变迁的习俗和难以改变的形势，都让他们陷入麻木的沮丧中，这对许多人来说意味着死亡。然而，清政府已经意识到这种危险，并开始着手治疗这种预示着族群自杀的心理创伤。读者马上会注意到：第一，清政府的政策并非是消灭当地人而是融合他们；第二，由此，藏传佛教得到官方支持；第三，多数情况下，幸存者交由当地官员管理；第四，他人无权干涉那些希望在人迹罕至地区定居以求自保的人们。因此，我们意识到这种田园牧歌式的和平与简单朴实难以实现，嘉戎人只想在静处寻求庇护，而非得到进一步发展，他们拒绝进入他们无法掌控的社会变革中。实质上，今天的他们相比100年前更加边缘化了。

但是，同样的问题又出现了：牧歌式的生活会不受影响吗？对金川的当地人来说，任何防御措施、温和的政策或发生的意外，都能将金川人从现代世界的弗兰肯斯坦（Frankenstein），即现代文明中解救出来吗？能把他们从惨无人道的劫数中解救出来吗？这种潜在的灭绝力量曾经淹没塔斯马尼亚人（Tasmanians）、查达姆岛人（Chatham Islander），就像发生在法国的穴居人（Troglodytes）和藏区旧石器时代的人群身上的事情一样。嘉戎人似乎也无处可逃，他们必须面对社会进化这头怪兽。当地人把鸦片和其他新出现的十诫中也没有记载的罪恶，归咎于内地，但这并非事实。真正的危险是保守的思想和行为。至于那种对教育真心的承诺，只有族群超越保守取向时才有价值。换句话说，他们要适应社会的发展，并享受那些在悬崖的斜坡和台地上得不到的奢侈品。他们要从报纸、收音机、电影、学校、图书馆和无尽的来源中学习知识，了解这个更大、更安逸、更灿烂的世界。有观点认为，他们不仅有享受这一切的权利，也有享受这一切的机会。这一切所引发的不满足,最终会让他们在"遥远国度"里寻求到令人满意的东西。作为浪子,他们可能会乘坐火车、电车、远洋轮船和飞机回家,这却让那些目前满足于尧舜光辉的兄长心生怨恨。但结果是肯定的,山上的农场会消失,或改由城里人的农奴(serf)来耕种。城堡会成为顽固者、厌世者的住所,偶尔有精神病人入住。然而,这并不是结局。"现代机器"会让如今的山路变成落伍的东西,"劳工卫士"宣称悬崖小道和苦力的负担是不人道的。我们并不指责这些:这就是命运。只有我们了解当地经济的悲哀时,才能理解山上农场和城堡里人们的想法。然而,当地原有的生活方式并未完全被摧毁。现在的主人,即便失去了某些地方特色,也会像新鲜血液一样在这片土地上继续生活下去。他们从各方压力下解脱出来,在此之前已经比玛土撒拉和雅列所生活的时间多五倍了。无论如何,失去特色毕竟不是一件小事,这会是避免消亡的一种选择吗?恐鸟和渡渡鸟在政府控制下得以幸存……这很难被认为是一场胜利,但它却给了我们新的启示……

《华西边疆研究学会杂志》,第5卷,1932年

第五节 理番边地

上次游记止于1914年12月31日,至今已有8月。其间,我走过3000多公里。最初的目的地有三个:第一,到金川的中心懋功;第二,考察从茂州(今茂县)到灌县岷江河谷一带的村镇;第三,再次考察理番河谷一带。前面提到的3000多公里,我是走着去的,一路上除了苦力随从别无他人,我还自己做饭。

在这些地区生活工作对身体和精神都是严峻的考验。理番河谷一带是危险的旷野,一路上毫无遮拦,阳光毒辣,60多公里路程,海拔上升了约1200米。一路上,我仿佛身处穴居时代,到处是各种叫不出名字的害虫。从茂州到灌县,一路上的旅店还不错,但在夏天,路途遥远加上炎热让人难以忍受。瓦寺以东时常浓雾弥漫,阴雨连绵,还要遭受无数蚂蟥和跳蚤的疯狂进攻。那年7月,我的苦力就在没有医生治疗的情况下被五条蚂蟥吸血。我们可以在这些地区的汉族村镇购买食物,我发现白菜拌饭和猪油辣子对出门在外的人来说非常方便。金沙江分水岭上的巴兰垭口高约4200米,尽管有困难,但全年都可通行……理番有些地方人烟稀疏,难以到达,但我喜欢这一切。可以说我最愉快的日子就是在那些望而生畏的地区度过的,哪怕鞋

带勒进脚里，一路上只能吃豆油和玉米团子。

生活在岷江和金沙江河谷一带人的族群特征充分体现了迁徙和环境产生的影响。

第一，来自四川的开拓者的祖先自唐朝进入岷江和大渡河一带，没有受1642年"张献忠屠川事件"的影响。老一代的开拓者在当地的通婚并未中断，由此产生了新的族群。第二，张献忠"屠川"后，来自湖广的移民取代了原来死去的当地人，他们和原来的四川人有一点不同。第三，近年来此的开拓者、士兵、商人、旅店主，以及土匪来往于边地与四川之间。

数以千计的苦力、几百名商人与小贩，官员和随从都体现了人口迁移的因素。1915年，一名木材豪商雇用几百人到大渡河和岷江河谷一带做工。我常去他们的营地考察，并借此分发小册子。我对嘉戎最感兴趣，他们都信仰藏传佛教，方言与众不同。其中不少人会讲汉语，喇嘛和受过教育的贵族精通藏文。此外，牧民只会讲藏语方言，嘉戎地区以外的边地地区的人也只讲藏语……

在中亚，藏传佛教的信仰以民族和政治为界，所以我们发现嘉戎和其他"喇嘛之地"一样有许多喇嘛。清政府声称，所有住持在成为活佛前必须到北京雍和宫学习，但我发现许多喇嘛要在拉萨学习数年，其间，只遇到一个在北京学习过的。另外，任何"新手"都能看出多数活佛对达赖非常尊敬，却少有人会对雍和宫的住持给予同样的尊敬。

从边地回程途中，我考察了以下寺院：第一，成都的"喇嘛古寺"。不仅来自雍和宫的活佛有时到这里，穆坪土司寺院的住持或寺中的喇嘛也时常来此"宣告所有权"。有一次，我在寺中遇到来自北京的住持，他正认真地教导来自拉萨的喇嘛。我还去过涂禹山的寺院，以及当地的苯教寺院。第二，我去过杂谷脑寺七次，还到过距理番20公里远的四门关村（Siwenkuan）的子寺①。第三，距离四门关村20公里远的地方还有一所宁玛派寺院②。尽管没去过那里，但我把藏文小册子和书送到当地喇嘛手中。金川河谷一带，书籍已卖到沃日的喇嘛那里，我还考察了懋功寺（Shengtin）。不幸的是，由于缺乏经费与书籍，我无法在八角和木坡一带考察，但我估计小金和沃日河一带大约有1500名喇嘛。

威州附近的山区仍有我们没有接触过的族群，他们当中约有40%是唐

---

① 译者注：今下孟乡四门关村弥勒寺。
② 译者注：有可能是上孟乡日波寨的桑登寺。

朝藏人的后代。从语言来看，我觉得他们可能来源于新石器时代岷江河谷。他们似乎受到佛教传入前藏区文化的影响，几乎没有人能读懂汉藏文字，方言也无法表达数字。许多证据表明，因为这些人现在信仰汉传佛教，所以脱离了原始的生殖崇拜，但仍有一些残余痕迹。他们自称"Ri-Mi"，管理着威州半自治的市集。他们的聚居地遍布碉楼，房屋建在高山或与世隔绝的山谷里，这些人生性多疑、争强好胜且难以相处。

岷江河谷一带有许多这类战略要地。以灌县为例，它某年冬天遭到来自边地土匪的进攻。瓦寺和一些不知名的牧民理所当然地认定汶川是他们的政治中心。理番地处另外五个土司的边缘，控制着梭磨、卓克基、松岗和党坝。西边3公里外的杂谷脑是上述地区的集市，也是许多当地人的宗教中心。接下来，我们的研究事业必须综合考虑经济、政治、宗教和地理因素。理番虽然是政治重心，但我们不会考虑。汶川的价值不大，只是作为前往边地的跳板，或是前往松潘和杂谷脑的中转。考虑到经济条件，灌县是首选。但我仍然倾向于杂谷脑，那里是岷江河谷地区的宗教中心。从地理因素来看，杂谷脑仍是首选。但从经济情况来看，它居于次位。鉴于邻近两个重要的嘉戎土司，其政治地位又得以提升。

总之，我对边地的想法很简单：开拓岷江和金川盆地，同时在理番和懋功开展研究。理番需要一年或更多时间开展巡回考察，后者需要在大渡河和小金一带开展连续不断的考察和售书活动。为了配合这个计划，我已考察了小金地区，并从杂谷脑出发，多次考察岷江和大渡河地区，10次前往理番，3次前往理番以南地区。我计划尽可能在更多的地点过夜并开展考察。

《华西教会新闻》，1915年3月

第六节 "雅拉"名考

雅拉峰大约位于打箭炉以北80多公里的地方。终年积雪，风景壮丽，专家称其高度略低于6096米。

数十年来，雅拉的名称和含义都让旅行者迷惑不已，作者无意在此得出最终结论，只是相关的经验和评估或许值得记载。

雅拉一般读作"Zha Ra"，发音非常清楚，我们倾向于认为当地人并非把"ch"发作"sh"，这种变化在康区的某些地方十分普遍。如果雅拉的确就是其名称，那么我们怀疑它是源于临近地区"Rongs'ke"的非藏语名称，其含义不得而知。如果雅拉确实是拉萨方言，那么意思就是"小村庄的栅栏"。由于雅拉峰宛如一顶节日庆典使用的喇嘛帽子，这种称呼是合适的。这里还有其他的原因，理解起来一点儿也不困难。几周前，我的一位牦牛车夫准确无疑地把这个顶峰称为"Chag Ra Ri"，即"铁栅栏山"。他是一个在拉萨生活了6年的喇嘛。企图改变他的想法失败后，我忽然察觉一些长久以来为人所遗忘，能够解释其自身来源的事实。例如，住在打箭炉的当地统治者是雅拉土司。这无疑是汉语对"L'Chags Ra"的解读，藏语字典给出的定义是"康的领地"（Principality in Khams）。然而，几乎可以肯定的是"L'Chags Ra"以前是用来指一座神圣的山峰，随后这个名称的意义被附加到那些对两个主人负责的当地统治者身上了。所有藏民都果断相信雅拉山比贡嘎山要高，这种偏见部分源于历史上的神灵和国王。但是，原来的名称在某种程度上代表着临近"Rong s'ke"的"雅拉"，随后进入这一地区的藏人把雅拉改成了"L'Changs Ra"，并认为它代表山、国和王三层含义。

《华西边疆研究学会杂志》，第 6 卷，1934 年

第七节　藏区的两条河流：鄂宜楚河和理楚河

我之所以选择记述藏区的鄂宜楚河（Wi Ch'u）和理楚河（Li Ch'u），是因为地理学家对前者描述不当，又几乎忽略了后者。

鄂宜楚河位于澜沧江和怒江之间，河流出口刚好在北纬28度之上，这条巨大的河流无论名称还是源头方向都让地理学家迷惑不解。最早的地图制作者把它画成一条流入怒江的河流，并给它取了一个法式名称"Oui Ch'u"。后来制作的地图中，它流经印度和太平洋支流并汇入水流湍急的湄公河。以先前地图为基础的新地图，又将其归入怒江水系，却为其增加了迷人的曲线。这并未结束，甚至它的名称仍困扰着地理学家，因为曾研究过白图河（Pe T'u）的人如今认为"Yu"是"Wi"的替代品。同样，我们这些了解约60公里河段的人确信它为怒江供水，而且任何人沿着白图河顺流而下来到湄公河，都会在途中看到格子般的峡谷。我们坚信当地人称之为鄂宜楚河。但这会引起争议，我们相信，凭借自身对藏语的了解和相关经验，会找出一个解决办法。在任何情况下我们都能确认，所有我们遇到的和共事的藏民都把这条河叫"Tsa Ch'u"或"Wi Ch'u"。我们猜测后一个名称表示"Wi Ch'u"或狐狸，而且毫无疑问，它和白图河与湄公河之间的重要定居点

"Wa Po"有关。事实上，湄公河弯曲河段的位置是如此巧妙，以至于它或许能让人们在大体上理解这一名称的含义。

上述评论主要指的是下游河段，有证据表明"Wa Yul"（Wa-u）这个名字可能用来指从河流出口附近一直沿伸出来的所有地区。例如，我们在《西藏图考》中就发现有关记载，汉语称其为"鄂宜楚"（O-i-ts'u），或许比"Wa-i-ch'u"更简便。"ts'u"代表藏语中的"ch'u"，指的是河流或水。这段记述还提到河流源头和萨尔温江的连接处。据说，河流总长350公里。

法国探险家知道有这么一条河流，由于他们曾在此地探险，所以30年前由法国探险家绘制的地图上把"Wa Yul"或"Wa-i"标注为"Oui Ch'u"。1905年版中国内地会的地图标注的是"Oi Ch'u"。但1908年出版的《中国地图集》改变了鄂宜楚河的河道方向和名称。正如前面所说，近来的旅行者纠正了河道方向和名称，把前文中的"Oui""Oi"和"Wa'i"（Wi）改成了Yu，这让问题更加复杂。我们注意到学者和作者在写"Wi"时，似乎已经把"Yu"当作正确的写法，并用杂喻（Dra Yul 或 Ta Yul）这个词来解释，意思是逆流而上。但在这个例子中，"Yul"在藏语中似乎只是"乡村"或"地区"的意思，因此并非一个合适的名字。藏语、汉语、法语和英语中，看似用一个会引起迷惑的完全不同的词来描述这样一条有趣的支流确实令人感到遗憾。从丽江府（Likiang）通向拉萨的主路经过河道大弯上的鄂宜楚山谷，一直到达白图和杂喻。宗喀巴，这位藏传佛教的改革者，很可能曾经走过这条路。500年后，大卫·尼尔女士（Madame David Neal），一位虔诚的朝圣者也可能经过这里。

理塘河（Litang River）、理楚河或无量河（Wu Liang Ho）可能发源于甘孜山脉，从其源头到与雅砻（Ya Lung）的交汇处至少有677公里。它在北部海拔4267米的平原上蜿蜒流动，在巴塘的学者对西部的支流较为熟悉。许多住在木里（MuLi）喇嘛土司总部下面或附近的欧洲人曾跨越过这条河。关于下游河段没有更多的信息，它绕了一个大圈后汇入水流湍急的雅砻。欧洲人可能对木里与理塘之间的河段一无所知。两地至少相距240公里，从理塘大桥向下的落差有1800米。汉族旅行者告诉我们，小山之间流过的河流水面相当平静。

1902年，笔者和茂尔来到北纬29度、东经100度以东32~48公里的地区。我们从这里向北前往理塘，这样一来或多或少与理楚河平行了，往它900~1200米之上的地方前行160公里左右，我们从未远离自己的目标，并在某处看到理楚河的峡谷。我们真正第一眼看到理楚河是在理塘大桥48~

64公里下面的地方。然而，200年前欧洲人就知道理楚河。1741年第3版《杜哈德中国史》（*Du Halde's History of China*）论及"蒙番"和吴三桂（Wu San Kwei）的党羽时，告诉我们理塘北部地区、金川，以及无量河之间的5条河流，出于政治目的被划给这些外来的喇嘛。其中提到的无量河就是理楚河。

1905年绘制的中国内地会地图中，理楚河即无量河在丽江府对面汇入长江。但是在3年后出版的《中国地图集》中，这个交汇处又移到了东经102度以西，与北纬28度平行的附近地区。与理楚河密切相关的另一个问题是河楚（Hor Ch'u）的出口。上述的地图不仅把理楚河的处置和长度弄混了，而且认为它与"丹巴"河相交。根据其他的地图，理楚河和河楚可能指的是同一条河流，但茂尔1907年未出版的勘测报告认为，理楚河与雅砻的交汇处位于河口以下80公里的地区。

总而言之，可以说理楚河提供了一个勘测的大好机会：第一，理塘以北的地区，特别是东部更远的支流有待进一步调查。第二，理塘平原和木理之间的广阔地区还未勘察。第三，或许地理学家提供了一个有趣的关于把理楚河与雅砻分开的奇特弯道的材料。第四，比起现在的地图来说，我们能更准确地描绘河道。

第八节　打箭炉地区山脉概述

1930年4月发表于《皇家地理学会杂志》75卷第4期的文章确立了以下几个重要的事实：第一，半个世纪前，探险者就了解了打箭炉地区的高峰。第二，不知道为何，十年以前或更早的地图中并没有相关的内容。第三，以贡嘎山为例，即使是那个时期，其名称与海拔高度也大致是正确的。

本文面对的是对山脉仍有疑问的大多数旅行者，但我们注意到伯塔宁（Potanin）、奥尔良亨利亲王（Pince Henry of Orleans）、塔弗医生（Dr. Tafel）、阿什米医生（Dr. Assmy）、斯多纳上校（Capt Stotzner）、帕内多将军（General Pereira）、L. M. 金（L. M. King），以及海默医生（Dr. Heim），这些名字都被忽略了。笔者也没有料到，1910年，曾在巴塘的Z. 罗夫塔斯医生（Dr. Z. Loftus）出版了他的自传，书中生动地记述了打箭炉的山脉。在这方面，我们对一篇在皇家地理杂志之前描写打箭炉的文章更感兴趣。

文中提到成都探险队身处打箭炉，而我们正在澳大利亚度假。金敦·沃德（Kingdon Ward）的评论大部分是正确的。难道这是吉尔（Gill）所说的"雅拉山"吗？难道旅行者没有回头看他来时的方向吗？他的确是从东方而来。然而，当沃德认为打箭炉山脉有 6000 米高时，他再次接近正确的高度标记。

戈登（Gorden）的记载中，我们注意到"Ta Hsiang"并非"大象"的意思，而是表示"首要"的关卡。次梅（Tzu Mei）作为一座关隘，是贡嘎寺院南边 6 公里处的一个小村庄。这个名字可能来自附近的山脉[①]，却不属于贡嘎山系。另外，我们了解到从地图上看，这个地方与次梅这个名字并无多大联系。

从吉尔的记载中，我们可以确定，从折多（Cheto）一侧的大渡河沿路上的山谷道路是看不到贡嘎山的，如果旅行者回头看来的方向，他会看到低矮的打箭炉山脉。打箭炉以西 80 到 100 公里处的贡嘎山正好符合吉尔的描述。但我认为他看到的是贡嘎山，说的却是雅拉。

附近的考察更令人满意。在描述中，我们同样记载了前往折多关的路程。在顶峰及其附近，记载的描述却令人迷惑。关隘没什么特别的景色，而且从更高或更低的地区来看，眼前也只不过是普通的雪地和比雅拉更无趣的景色。然而，从贡嘎开始，我们不仅会羡慕上述的美好时光，而且还会看到大渡河和雅家埂河之间从海子山到打箭炉呈锯齿状的顶峰。这或许解释了人们的迷惑，在任何情况下，边缘最北边的顶峰就是雅拉山，最南端是贡嘎山。打箭炉以北约 110 公里的地方，正好在道孚的西边，我们跨越雅砻江。雅砻江与冰川和雪峰相邻。向北约 160 公里，雅砻江的北岸是另一个雪峰，它与右边白雪皑皑的甘孜山系相连。

回到洛克兹（Loczy）所说的"Bo Kunka"，我们发现这个名称在今天指所有与南部顶峰相关的山脉。同样，这个旅行者的描述从各方面来看都值得称赞，其所记载 7600 米的高度基本是正确的。最终，克里特纳（Kreitner）所说的主峰北面和西北面的"Kunka 山脉"（字面意思是"雪山"）也是正确的。

斯蒂文经过的地区大约位于贡嘎山和银官寨（Ying Kwan Chai）之间。这里以开阔的高地为主，上面有肥沃的草地。略图上所有标着"Bo Kunka"的地区都具有这样的地貌特征。成都考察队在同一地点也得到了类似的记载。

[①] 译者注：该山为子梅山。

第五章　人群与地理

洛克希尔（Rockhill）的描述可用于雅拉山，他的另一个建议提醒我们，他经过的这个地区曾叫"Chag La"。因此，"Chag La"山是最符合逻辑的猜测，但我们从未听到"Zhara"以外的称呼。

尽管约翰逊（Johnson）曾引述"Kar"和"Zhara"的海拔高度，但他可能没有看过任何一座山峰。他的路线在"Cha Zam"（Jaze）上，即便天气条件良好，机会也受到限制。

威尔森（Wilson）重点提到雅拉，事实上，必须关注贡嘎山和其他山系。寇里（Coales）正确记载了其他旅行者没有涉及的北部山脉。蒲拉特（Pratt）、L. 简德（L. Gender）和戴维斯（Davis）可能经历了恶劣的天气，或者只到过山谷一带；或像威尔森一样，只满足于一般性的描述。最后，斯蒂文斯写的银官寨和克里特纳写的"Dzong Go"是同一个地方，分别是汉语和藏语对同一地点的不同表述。

藏语名称与书写的内容相差甚远。雅拉是个例外，这个名称让除寇里外的其他旅行者都感到迷惑。本地的名称及其统治者"Chia"或许向洛克希尔表明，雅拉的字面意思是"村庄的栅栏"，这与当地的地形一致。从岷雅高原来看，雅拉的确表示栅栏或屏障，而且其中一个顶峰与某些藏传佛教小教派庆典用的喇嘛帽子差不多。洛克希尔认为其独特之处或许解释了"中国之角"（Horn of China）的说法。

就贡嘎这个名称而言，我们能得出更准确的结论。藏文的意思是"白色的冰山"，康区用此表示大雪覆盖的顶峰。当地有三四座名叫"贡嘎"的山。自从洛克博士到来之后，岷雅就划入贡嘎山系。其解释很简单，洛克博士来自南方，其同行者第一眼看到面前宏伟的景色时不禁高声惊呼"The Gangst'Kar of Minyag"，而"Bang Gangst'Kar"是克里特纳到来时当地的称呼。1931 年，贡嘎寺的住持给了我们相关的藏文资料，"Bang Gangst'Kar"表明它们是正式名称。56 公里外的南方，位于雅砻一侧山上的主寺院同样如此。

《华西边疆研究学会杂志》，第 5 卷，1932 年

第九节 河口：雅拉的后门

河口，又名雅江、"Nyach'u K'a"，位于打箭炉以西150公里左右，是理塘的东大门。这个地方很小，名不符实，但当地现存和消失的东西却值得记录。本文将关注以下三点：第一是旅程，第二是河口镇和周围地区，第三是古代的移民及其后代。

前往康定的旅程，包含地理学和人类学两方面的内容，这些内容在将来的藏区教材中占有一席之地，但现在我们不打算把这些内容加以分类。

打箭炉，现在称为康定，位于川西。最初两天的旅程中，笔者看到典型的藏区V形峡谷，五座高山和打箭炉的山脉令人记忆犹新：所有高山都被冰雪覆盖，海拔在5700~6000米之间。成都往西16公里，你能看到U形山谷与V形山谷相连。我们身后是长着云杉、落叶松、橡树、杜鹃花灌木丛，以及其他美丽花丛的肥沃土地，面前是荒野沼泽和山涧，一簇簇的灌木点缀在古代冰川所侵蚀的花岗岩石周围。在这个高原沼泽地上，我们发现了许多大黄，在河谷两侧还发现了很多桧属植物和长着蓝色和黄色美丽花朵的罂粟。

藏民热衷于在这片土地上放牧，旅行者常遇到他们的商队或看到这些头发蓬乱的赶车人，发现他们在任何天气都会生火取暖。这段道路很难走，旅行者到达4500米顶峰时，会突然感到解脱。这里立着一个玛尼堆，上面挂着许多旗帜。这条道路看不到冰川或一尘不染的雪地，但作为藏区地理学和人类学大门，绿草青青的谷地、打洞的土拨鼠、吃草的牦牛和扎营的藏民，这一切让旅行者目不暇接。接着，旅行者悠然自得，来到一个开阔的山谷，碎石遍地，300米处有一个农场，最后在驿站的遗址中扎营休息。

这个宽阔的河谷长30多公里，两边的坡地没有树木，长着一些青草，三条支流汇入其中。河谷四周分布着一些田地和寨子，藏民很好地协调了农业和牧业文明的关系。不幸的是，土匪的野蛮掠夺，让大部分古代白塔和引人注目的城堡看起来像是在地下埋藏多年刚被挖掘出来一样，但损失并不像想象的那么严重。然而，大量荒废的台地表明，当地的农业也曾平静发展。在银官寨，经过一处城堡废墟，我们来到了石器时代遗址的附近，在这里可以清楚地看到贡嘎山。

沿着道路向前，转过一个急弯后，我们继续向西北方前进，面前是一片平原，上面有无数完好无损的城堡。在最高处，我们有机会研究海拔6900

第五章 人群与地理

米中山峰（Ru Nga K'ar）的概况，它是能和贡嘎山相提并论的。理楚河由北奔流而来，我们骑马穿过坑道、樱桃树林和醋栗林荫道来到藏民聚居的东俄洛（Tongolo）。经过一条道路向北走 46 公里，穿过一个迷人的峡谷便来到公拉（Lha Gong）的一个大寺院，然后通向理楚河上游肥沃的草地。离东俄洛 96 公里远，我们经主路穿过一个风景优美的山谷来到某处遗址，在这里我们沿着山坡上山。

刚开始道路非常陡峭，我们随后便绕着深谷缓慢向上，走起来一点也不费劲，从这段路走几百米通向山顶。第二高的山脊大约 4500 米，位于高原西部的尽头 4.5 公里远的地方。因其在著名的打箭炉山脉中所具有的独特景观而闻名，我们不清楚在这片高原上是否还有比之更美的景色。东北方向是巨大山峰，东边是打箭炉南边令人印象深刻的顶峰，最后是贡嘎山的最高处莫西（Mo Hsi）[①]。东方是冰雪覆盖的子梅山（Zha Me），没什么特别之处。一条河流奔腾在高原上，河岸约 4 公里远的地方是高尔寺山，海拔 4400 米左右。

顶峰向西 6 至 7 公里的地方是卧龙寺（O Long Shi），地势降了 600 米，从这里到八角楼（Pa Ku Lou）沿线一直是农耕区，居住点有一些房屋，还有一座八角形的塔。路旁到处都是野生的樱桃树、梨树和苹果树，这些果实不宜食用。离塔约 2 公里远的河流右岸，有一个低矮的大的建筑，里面有一座汉式塔和白色窗户。这是雅江县当地统治者的官寨。

八角形塔的下面，我们沿着道路进入一个海拔更低，植被茂盛的 V 形山谷。这里，河流两岸的树木分布不均。森林中生长着松树和云杉，树林中有各种大小的橡树。离河 15 公里远的地方开始出现峡谷，房屋逐渐稀疏，一些开阔地上还矗立着废墟。渡口上游约两公里的地方，一条河流从一侧的深谷中倾泻而出，形成一个瀑布，奔向山涧的河流。树木稀少的斜坡台地，以及对面光秃秃的悬崖上矗立的房屋让人难以想象这附近就是当地的治所。前面是一个阴暗的山谷，两边的山脊也没有树木，这一切难以让人感到乐观。然而，在一个肥沃台地上的定居点和周围褐色的植被又让我们有了短暂的希望。但这并不是河口，我们经过一眼著名的富含铁质的泉水，周围还有一些简陋的房屋。如果沿河而上，便能看到雅砻的全貌。我们的希望变得渺茫了，根本看不到任何城市的迹象。当我们绝望地再向前走一两段路，雅江仿佛幽灵般出现在我们面前。

[①] 译者注：估计叶长青指的是莫西沟，但莫西沟的海拔只有 4100 米。

换句话说，河口是一个藏式的村庄，生活着40或50户人家。他们集中居住在河岸30~45米的台地上。河滩把台地与河流隔开，同时为操控某种特定木筏的艄公提供一处装货地，木筏行驶在山间河流与长江最大支流交汇处附近平静的水面上。因为年头久远，这些房屋破旧不堪，三条街道狭窄而凹凸不平。其中一条道路沿河而上，另一条蜿蜒着通向河滩，与第三条道路相交。沿着第三条街道走一半，左边出现一个胡同，看上去像一个乱写的字母"F"。河口有几家商店，但零售业一直停滞不前。最后一次考察这里时，我看到一头猪在临死前惨叫。由于两个月来这里没有杀猪，所以镇上到处在谈论我的好运。

雅江可能是西康最出名的一个城镇。毫无疑问，这得益于它是藏区最著名的渡口。清朝统治者到来之前，我们猜想这条由西至东的路线或许一点儿也不重要。但清政府管理这里之后，大量的官员和商人如潮水般涌入此地，当地人对此漠不关心。按惯例，藏区所有来自汉区的人员三年一换，各个级别的汉藏军政官员、苦力、士兵、仆人、商人和旅行者形成的人潮，不停地穿梭于各地之间，让河上的舢板和小艇从早忙到晚。

一条不成文的规定允许河口的居民在限制区内通婚。当地人迫切的需求说明了这种异常的情况。以前"三年轮换"的政策也在当地施行，由于没有一个专门从事这项危险交通事务的人员定居于此，河面上经常发生严重的事故。因此，当地的藏族妇女还未适应这种特殊的环境，形成了某种婚姻现状，即子不知父。人们承认这种现实，同时也提出温和的警告："不要传播关于河口的谣言。"

定居点的海拔大约是2700米，但当地气候温和宜人，土地适于耕作，盛产蔬菜和小麦一类作物。除去河口，这个县大约由两千户到三千户居民组成，这些人是山谷中的农夫，草地上的农场主和牧民。雅砻峡谷和支流的两岸都能看到农夫的身影。其中的卧龙寺河谷一带可能有100户居民，海拔3900米附近的地方分布有农场。当然农场主的帐篷还在更高的地方，据说，他们主要的居住中心位于八角塔上面的衙门所在地。

河口有50到60户居民，是雅江的首府，得益于渡口重要的官、商交通位置。尽管现在它由雅拉土司管理，受益于附近的族群迁移而成为一座边疆城镇，就像对面的理塘一样。

雅砻这个金沙江咆哮的大支流，下游与神秘的理楚河或杜哈德所说的无量河交汇。上游地区尚未开发，南部地区的大段河流，特别是靠近巨大河湾地方的具体情况，只有少数地理学家了解。作者曾在甘孜骑马蹚过这条河，数天后又看到一些藏民做了同样的事。有些人会质疑谈论他人是否礼貌，这样的情形在河口难以想象。事实上，20多年前，法国的工程师曾受雇在此解决雅砻的交通难题。赵尔丰的梦想终于实现，河上架起了一座吊桥。桥的左边与一个隧道相连，这让内地来此的商人一头雾水。但这项发明耗费了政府约100万美元，专家劳工两年多不懈的努力在半天时间内就被来自乡城的袭击者摧毁了，刻有工程师名字的漂亮石柱至今仍矗立着。

堕落的土司在东边的打箭炉生活，河口是他们最西边的哨所。由于移民地是雅州（Yachow）被占领民族群体的遗留物，现已消失，经过七八代人的同族婚姻后，这里的人类学材料应该会引起社会人类学家与体质人类学家的兴趣。然而，研究者必须经过全方位的培训，才足以胜任无论哪一方面的研究，而笔者这种外行是不能胜任这项工作的。从这些少数民族着手，地理环境和高度特殊的职责让他们成为独特的研究对象：一个真正的人类学绿洲。

理塘和打箭炉距此较远，两条河流般的交通线确实引起了一定的后果。人们第一印象会认为当地人资质平平，较一般人身体更强壮。但是，他们非常保守，没有积极性而且缺乏进取心。这一切或许可以解释为近亲通婚、混血、漠视宗教、缺乏交流，以及钩虫病。尽管存在上述因素，但主要的原因无疑是移民的特殊政策。换句话说，他们不得不趋于保守。由于没有发展机会，他们的职业与祖先一样，被局限在一个地方，做同样的事情。为了消耗他们的精力，仿佛所罗门把活着的儿童一分为二那样①。他们身处看得见的民族迁移潮流中，只与其中一部分有联系。无论如何，如同终生研究水蛭大脑的科学家一样，我们有必要很好地了解他们的工作。

没有人会因为他们成为麻木的商人或业余的牧民而责备他们，但政府要求他们必须了解目前方方面面的形势，例如，一月到十月雅砻江的洪水和漩涡情况。事实上，他们要在内地与一个孤立的开发地来往运输。在一些只能行驶小船的地区，他们既充当船夫，还充当士兵。另外，这只能进一步导致该地区的孤立。因此，族内婚不仅可行，而且具有经济价值，当地人也乐于这样做。这样的群体怀疑一切变革，并墨守成规。他们无意改变居住地或职业。由于一些职业必须有相关的经验，那他们能从游牧、商贸或赶牦牛中获得什么呢？人类学的学生在研究河口时，兴趣都不放在当地人体质的缺陷或心智的反常上，而是关注在典型的迁移潮中真实保守主义者的各种表现。整

---

① 译者注：指所罗门的智断亲子案。

体来说，这样的结果是无害的，对公众来说是有益的，并且让这个地区远离罪恶和焦虑，变得更先进、更文明。

比较河口的保守与牧民的野营也是一件有趣的事。尽管牧民也和过去关系紧密，藏传佛教正让人们逐渐抛弃过去的习惯。然而，河口缺乏这样的宗教影响。在很大程度上，河口原有的文化在大型渡口的文明冲击下逐渐消失，移民地使用两种语言这一事实加强了这种趋势。

《华西边疆研究学会杂志》，第 7 卷，1935 年

第十节　雅江竹筏

雅州和嘉定之间的水道上，有一种原始但非常有效的交通方式。在冬天，雅江江面狭窄，水里有许多障碍物。夏天水流湍急，在上面行船几乎不可能。但是通向藏区的交通非常重要，除苦力和骡马外，还必须有另外的交通方式。出于这种考虑，才诞生了现在的竹筏。这既不是源自其他省份，也不是在清政府全面控制四川后流传过来的。

"筏子"一词在其他省份读作"fa tsi"，这或许表明它源自内地。争议颇多的是，现在许多发音是"F"的字的发音都源自古代"B"的发音，例如"佛"（Fu）。就雅江竹筏而言，我们假设它产生很早，并一直保持着古老的发音。

雅江竹筏长 30~36 米，宽 3~3.6 米，能在较浅的水面上行驶。直径为 0.1~0.15 米的长竹子，外面抛光后，用相同材料制作的不同尺寸的带子捆起来。木头交叉在中间，再用藤条和竹子做的带子将其牢牢捆住，竹筏就制作完成了。竹筏头部上翘，就像是南方一带的船，两侧是毛竹制成的船舷。舵手站在牢固的操作台上，一条坚韧的尾舵安在一根木板上，木板被牢牢地绑在竹筏后面。船头安着一个结实的桨，以备不时之需。筏子上放着一根粗木棍，发挥船桨的作用。一根包着铁皮的杆子放在顺手之处，可在危险时保护船的安全。

筏子上安有一个高 0.6 米，长 1.5~1.8 米不太牢固的平台，上面可以放 3~7 吨货物。这是筏子上唯一一个干的地方，乘客可以坐在这里，每个人的房间有一顶轿子那么大。这也解释了为什么一到晚上，乘客就匆忙跑到附近的小客栈里。逆流而上的旅程要耗费 12~30 天时间。在 20 世纪的今天，这样的旅程实在乏味。一群纤夫套上连接筏子的绳子，与船上撑竿的伙

第五章 人群与地理

伴一起每天只能前进 5～16 公里。但是，在水流条件良好的情况下顺流而下，20 个小时就能走 160 公里！到达打箭炉后，我们发现有不少驶向成都的竹筏，有的甚至到重庆。

沿雅江顺流而下的旅程充满了各种各样的刺激。由于路程遥远，旅客焦虑不安，船员各司其职，舵手和领航员悄悄地注视着水面，江水快速地流过河床上的鹅卵石，这似乎预示着危险就在眼前。接着，仿佛螺栓从弹弓中被射出去一样，筏子飞快地冲出去，噩梦就在眼前。你仿佛被一只残忍的怪物抓住，它的目的就是要"把船抖个粉碎"，船梁嘎嘎响着，发出让人发狂的巨大声响，固定船体的带子啪啪作响，滔滔江水发出刺耳的怒吼，脆弱的平台左右摇晃，扭曲变形，蹦跳着穿过急流，挣扎着过漩涡，来到人工围堰围成的平静水域中。船体所有的损伤很快就修复了，我们又继续在平静的水面前进，准备迎接下一个急流。

旅程中我们要面对的不仅仅是急流、旋涡和原始的交通工具。沿途的景色壮丽。据说，这个地区与大禹有关，他排干沼泽，"向蒙和蔡献祭"。我们怀疑这句话应该是"用蒙和蔡献祭"①。假设他曾看到过贡嘎碉楼，一望便心生敬畏。甚至是现在，距雅州约 5 公里外的平原上还有一个汉代的拱门。在这个平原下面，我们两边出现了砂岩悬崖，还有一处并不美观的聚居地。接着我们在一个神秘的岛上发现了一座"闹鬼"的寺院，不久又顺急流快速地来到一个峡谷中，这里的水面相当平静，两边是陡峭的悬崖，上面不时出现瀑布，在条件适合的地方还有植被。由于当地土匪出没，我们忐忑不安。

驶出峡谷，我们来到一个真正没有受到西方文化影响的汉族地区。有城墙的城市我们只看过两次，在此之后我们又看到河岸边的市场、村庄和平原上的农场，山的侧面长着竹林和各种松树。河岸和山岭上，时常点缀着榕树。它有着章鱼一样的根基，树皮粗糙，树冠茂盛。这次旅程中，我们看到河谷两侧的人工林和自然林，有时树林出现在离我们不远的地方，尽管有些模糊，但朦胧的薄雾始终不能遮掩春色。走到三分之二的地方有一个峡谷，我们看到了数百座石头雕刻的佛像。这很好地证明了中国尊重外来的文化。但是，如果没有外来文明周期性的刺激，这一切会逐渐跌入形式主义的深渊。

离嘉定 16 公里远的地方，江水的急流改变了地形，悬崖的形状独具特

---

① 译者注：叶长青有可能指的是："蔡蒙旅平，和夷厎绩。厥土青黎，厥田惟下上，厥赋下中，三错。"详见《尚书·禹贡第一》。

色。这里的氛围让人昏昏欲睡，榕树、竹子、芭蕉、铁树和其他种类的植物生长在悬崖峭壁上，有些类似于婆罗洲或帝汶岛，这让我们感到仿佛置身于马来西亚或巴布亚近海的筏子上。然而，我们很快看到汇入雅江的大渡河，快速驶过一座建在悬崖上的尼姑庵，山下还有一座军营，接着便来到城墙破烂的嘉定城，这是川西的明珠。

《华西边疆研究学会杂志》，第7卷，1935年

第六章　语言研究

第一节　华西语言的变迁

半个世纪前，学者们认为文字就是生命。语言似乎是一把钥匙，它能解释人类起源的奥秘。但这种观点已经发生了巨大变化。举例来说，塞依（Sayee）认为，身份或语言关系只能证明社会联系，语言对历史学家有用，但对人类学家永远无用。艾萨克·泰勒（Issac Taylor）也有同样的想法。他确信，语言关系暗示了一种民族关系，这种观点已经被证实是错误的，而且已被学界抛弃，它不能完全证实人的出身关系，却有可能完全误导研究者。马里特（Marett）宣称，语言和民族可能一点关系也没有，并进一步指出只凭语言，我们会把法语和比利时语当成罗马语，甚至认为西班牙语、意大利语和葡萄牙语以某种方式相通，但我们知道事实并非如此。泰勒也确实评论说，黑人在牙买加讲英语，在海地说法语，在古巴说西班牙语，在巴西说葡萄牙语。所以，现在许多人把语言视为"完全变化的""误导人的""与民族无关的"，甚至认为语言在人类学价值上"微乎其微"，对此观点我们并不感到诧异。

另一方面，人类学家 D. Q. 德夸菲吉斯（D. Q. fages）宣称，比较语言学首先引起人们对巴斯克语（Basques）独特地位的关注。他相信，语言在某些情况下，让所表示的东西更容易被理解，而不是外部特征和解剖层面上实物所能提供的。带着上述问题，我们开始对中国边疆地区方言的探索之旅。

在这次考察中，我们对考察对象从一到十的基数的发音作比较。我们进行考察时会看到祖先的语言文字发生了变化。一些人也会猜测，可能由于喉部结构不同，这足以解释为什么在发某些特定音的时候，有些人觉得容易而另一些则不然。我们的任务包括汉语、嘉戎方言、藏语、彝语、苗语和日语，以及居住在岷江峡谷，从语言学上被定义为羌的族群的语言。第一表格比较了大金川和岷江峡谷中古、现代藏语和嘉戎方言的区别。

表 6-1 藏语方言比较

数字	拉萨方言		金川嘉戎方言	岷江峡谷嘉戎方言
	古代	现代		
1	g'Chig	Chi	Ge Ti	Ge Ti
2	g'Nyis	Nyi	Ge Nes	Ge Nes
3	g'Sum	Sum	Ge Sum	Ge Sum
4	b'Zhi	Zhi	GeBlibs	Ge Bri, Dri, Ch'i
5	PNga	Nga	Ge m'Ngu	Ge Mu
6	Drug	Drug	GeDro	GeDru, Drog
7	b'Tun	Tun	Ge hs'Nes	Ge hs'Nye, Ne
8	br'Gyad	Che	Wur'Yat	Wur'Ya, Wuri Ya
9	d'Gn	Gu	Ge n'Ngu	Ge n'Gu
10	b'Chu	Chu	Hs'Gi	Hs'Gi, Chi

表 6-2 岷江河谷的羌、彝及其他方言比较

数字	汉语	Krochi	威州话	汶川话	Chiu Tzi	彝语	日语
1	Ih	A	U	U	Ar	Tsi	I Chi
2	Er	Ni	Nu, Nye	Nu	Ner	Ni	Ni
3	San	Shae	San	Sae	Shae	So	San
4	Sze	Zhi	Dri, Tri	Zi	Dre, Zhe	Ri	Shi
5	Wu	Wa	Wa, We	Wa	Wa	Wei, Ngo	Go
6	Lu	s'Tr'ng	hs'Tr'a	Chu	hs'Tr'u, hs'Tu	Hu	Ru Ku
7	Ch'i	hs'T'un	hs'Nu, hs'Chi	h'Nu	sh'Nye, sh'Ner	Shi	Shi Chi
8	Pa	K'ra	Tra, Krae	Chie	Tra, Kr'a	Hai	Ha Chi
9	Chiu	Gu	Gu gu	hn'Gn	Mei, Gur	Gu	Gu
10	Shi	h'T'u	h'Chu	n'Tiu	She, Ter	Ch'e	Ju

第六章 语言研究

表 6-3 苗语、汉语、藏语的比较

数字	汉语	藏语	苗语
1	Ih	Chi	Yi
2	Er	Nyi	An, Ou, A
3	San	Sum	Pieh, Peh, Pu, Tsin
4	Sze	Zhi	h'Lao, Plon, Pi, Glao
5	Wu	Nga	Chia, Pa, Pu
6	Lu	Drug	Tson, Chou, Glao
7	Ch'i	Tun	Hsiung, Hsiang, Hsia, Chiung
8	Pa	Che	Ya, Yi, Zhi
9	Chiu	Gu（Ku）	Chu, Chia
10	Shi	Chu	Chu, Ku, Kao

我们假设这些语音有一个共同的来源，通过比较公元 7 世纪的藏语和今天的拉萨音的区别，我们可以确定在边疆地区语言发生了变化。从公元 640 年出现的字母来看，古代语言需要在单词前后添加充当前缀后缀的辅音，看起来像倒着写的英文。但对于标准藏语来说，我们并未尝试以书面文字的方式来发音。举例来说，d'bus 在古代语言中就成了 Yu，bs'grags 就成了 dra，br'Nga 念成了 nga。另外，gra、bra、kra、dra 都有最后一个组合音，而且 by、gy、ky、py 都念作 Chi 或 ji。事实上，大多数重读辅音组合都被忽略了，只需要简单的变化或由被省略的字母来决定是否重读。例如，r'Ta 和 s'Tags 都是 Ta，但读音明显不同。然而，我们很快意识到一个有趣的事实：字母的变化并不统一，而且也不是沿着相似的路线前进。下文的内容足以表明这一点。我们不知道汉藏边疆语言变化的奇特现象是不是因为民族、气候或异常情况的原因。但我们能通过比较许多语言和方言，与 1300 年前藏文拼写的差异来展示它们的存在和联系。尽管在所有这些语言当中，从一至十都有共同的源头，但今天这些数字之间的联系却不那么明显了。例如，g'chig 究竟是如何与 Ti、Chi、Ih、Uh、Ah、Ngik、Giet、Yit 发生联系的呢？看起来现代藏语的 g，在 Loch 发 ch 时把它省略，并且 ch 重读，相当于英语中的 j。其他就像汉语一样，把 gh（如 laugh 中的 gh）逐渐变成 ih 和相关的发音。在某些情况下，t 和 ch 可以互换。在部分群体中，"二"通常当作"一"来使用。广东话的 yi 就相当于苗语中的 au、ou 或 a，而且许多字都与前面汉语当中发 ni、nip 的字有关联。在威州附近的山上，其中一支夷人（Yi）就自称为夷人（Er Mi 或 Yi Ren）。

关于"三"的内容。第三项的内容大部分都容易理解，除了苗语中的 Pieh, Peh 和 Pu，这几个音似乎来源不同。

关于"四"的内容。b'zhi 是一个很有意思的词。在现代藏语当中，开头的字母 b 消失了，而且 sze、shi、zi 和 zhe 的存在是很自然的。那么 bris、dri 和 chi 呢？zh 通常带有一个明显的 r 音。Blibs 是 bri 的早期形式。而且，plou、pi 可能和 Lao、g'Lao 一样都是错的。事实上，开头的 b 通常发 h 音。因为 r 和 l 可以互换，所以我们假定 h'Lao 和 g'Lao 原来的形式都是 bri。

"五"与所有嘉戎语、羌语和日语以及彝语有关。嘉戎语的"五"（m'Ngu）和藏语的"五"（Nga）读音类似，而日语的"五"（Go）和彝语的"五"（Ngo）相似。但嘉戎语的"五"到了汉语中就成为 Wu，有时在岷江峡谷中这个字也读作 Mu，在羌区的读音则是 Wei、Wa 和 We。在苗区，Pa 和 Pj 可能是 Wa 和 Wo 的早期形式，这在汉语和藏语中都是常见的变化。

表示"六"的几种语言相互关联。dru 和 chu 的变化无须多言。日语中省略开头的 d，汉语不仅省略 d 而且还用 r 代替 l。苗语中的 tsou 和 chou 是 dru 的简单变形，而且 g'lao 可能表明 drug 的原形是 grug。

"七"是一个非常独特的字。在嘉戎语中一般写成 hs'Nes。hs 是前缀，为了区分"七"和"二"，在一些情况下将它简化成 h。"七"在藏语中是 b'tun，可能与 Krochi hs'tun 有关，但和 chi、hs'Nu、hs'yi、hs'chi 和 Sh'chi 几乎没有联系。然而，这些变化可能包含了苗语中的 his（ung）、hsia（ng）和 hs'a。

较之其他数字，"八"为我们提供了更多信息。在古代藏语中，它是 bt'gyad，现在藏语拉萨音是 Che，而嘉戎语的发音是 Wur yat。在汉语中它变成 Pa 或 Pak。可以明确的是，现代藏语中省略了 br 和 d，而嘉戎语中则保留了这些发音；汉语把 rgy 变成 pa 或 pat。然而，苗语明显在大多数情况下把 gy 变成了 y，并省略了所有的辅音，简化成了 ya、yi 或 zhi。彝语和日语也有类似的演化过程。羌语要么遵循藏语的模式，要么在省略 gy 和 d 后，把 br 变成 tra，或者通过 tra 变成 bra 和 gra 再转变成 kra，从而颠倒藏文书写规则。苗语中的 zhi 与 Che 的变形相关。

很明显，"九"与所有语种相关。有时 m' 和 ch 合并在一起产生类似于 mei 或 mu 的发音，事实上是 m'ghu 的发音。

《华西边疆研究学会杂志》，第 6 卷，1934 年

第二节 闪米特语和藏语的比较

表6-4来自博恩博士（Dr. Ball）编纂的闪米特语，如果这不能证明两者之间存在种族亲缘关系，至少在某种程度上表明两者之间的社会联系。

表6-4 闪米特语和藏语的比较

闪米特语	藏语	含义
Bar-bar	Bar（发光）	火光
Dab	T'ob（拿）	抓住
Gab	Gyab	关门
Gam，Gur	Gur	鞠躬，屈从
Ge，Ga	Ge，Ga	妨碍
Gi	G，Ching	一
Gu from Gur	Gur（帐篷）	房屋
Gu，Gud	Gurgu	公牛
Ka	K'a	口
Me	Ma，Mad（我）	不是
Mun	Ming	名字
Mur	Mori，Moro（嘉戎）	马
Sa	Sa	土，灰尘
Shir，Sher	Shar	光
Su	So	牙齿

我只能确定"gurgu"这个词在藏区外的一些地区表示公牛。很有意思的是，汉语和闪米特语的相似之处要比闪米特语和藏语之间的相似之处多得多。来自中亚某个聚居地的移民自然不会对藏区史前人群的语言产生重大影响。另一方面，我们用这一类的影响来解释四川和藏区的建筑特色，以及这两个地区宗教的独特之处。

第三节　藏语音调系统

杰斯卡（Jaschks）认为，藏语发音中的高音和低音受到汉语的影响。他的另一观点认为，发音取决于单词的第一个辅音。同样，阿姆森（Amundsen）在证实藏语发音的真实性时颇费了一番功夫，所提供的详细资料足以用来验证多年来无从考证的理论。下面是阿姆森《初级读本》15到16页内容的浓缩。

阿姆森的理论如下：

第一，高音短促而有力，仿佛与什么东西碰撞一样。首音节发高音以 da、ga、ba 为结尾的单词。

第二，与上面的发音音高相同，但发音时间长。那么首音节为高音，不以 da、ga、ba 和 sa 结尾的单词就是如此（以之为后缀的除外）。

第三，音高中等而短促的发音。不以 da、ga、ba 开头或结尾的 un 闭音字就属于这一类。

第四，音高中等而长的发音。这种单词有三类：开头发高音，第二个音节是 sa 的 un 闭音字；以 sa 为第二个辅音的闭音字；开头发低音，第二个辅音和附加音节为 da、ga、ba 的 un 闭音字。

第五，在不以 da、ga、ba 为第二辅音的单词里面会出现卷舌音。

第六，音调逐渐下降的低音，sa 为第二个辅音的开音节首字母。这可能存在几种情况：30 个藏语字母发这种音；发音时首音节发重音；以 g'nams 为例，发 nam 音，g' 是前缀，n 是首字母，ma 是第二个辅音。

对上述内容的分析揭示出如下事实，即 da、ga、ba 和 sa 都会对音调数量和内容产生影响。数量的影响在上面第二项中表现得很明显。在第三项中可以看出 da、ga、ba 的影响。在第四项的开头，sa 是一个高音字母，作为第二个辅音，改变了高音首字母和闭音节字母，而且以 da、ga 为开音节低音首字母，ba 是第二个辅音，sa 是附加音。

上述藏语音调系统可能是与汉语相互影响的结果，但更有可能是从公元 640 年到现在，当地人无意识中逐渐把前缀、添加音和后缀省略的结果。幸运的是，藏语的字母非常出色，让我们不仅能检查出问题所在，还能有一定把握去解决问题。学藏语的学生首先对口语和书面语间的巨大差异无所适从，而且其中一部分人出于偏见，或许会倾向于把这种反常的情况解释为僧侣阶层的卖弄学问和装模作样。例如，dbus 现在发 u 音，不知为何 d 和 b

第六章 语言研究

相互抵消了，s 改变了前面的元音，brgyad 最终成了一个与英语当中 j 一样的音，bsgrang 也成为 drang。为什么会这样呢？现在我们无法回答这个问题，但是我们相信，那些受过良好培训的学者能从代表许多藏语变体的辅音的混乱局势中找出其含义，但口语需要这些辅音。然而，今天的藏语并没有这些，而且口语中的古代名词处境也艰难。但为什么会这样？这些变化是逐渐自然发生的，其原因或许可以从上面提到的 dbus 的历史中得出答案。唐朝的情况不清楚，可以确定的是元代和明代，dbus 发 us 音，今天发 u 音。这种发音简化的历程原因不止一个，但我们猜测，移民的咽喉部的变化和气候的异常或许就是其中一个原因。

一个世纪以来的发音简化自然会增加同音字的数量，而且正确的拼写才能区分这些音调。因此，就这种情况来说，我们认为从方言中消失的辅音附加音会重新出现，如果上述语法规则可靠的话，音调从数量和内容上都与古代正统的表音法有关。换句话说，尽管古代语法中粗糙的因素已被清除，但产生这种规则的东西，仍在不知不觉中依照前面提到的辅音联系影响着今天的语法。可以用两个简单的词来表达我们的意思。今天 Stags 和 r'ta 的发音可以写成罗马字的 ta。但藏语的音调不同。为什么？可能由于无意识中对长久以来不用的前缀、添加音节和后缀的需求，导致藏语中消失的辅音字母重新出现。

《华西边疆研究学会杂志》，第 5 卷，1932 年

第七章　解读叶长青

第一节　叶长青小传
D. S. 戴谦和（D. S. Dye）

叶长青是先驱、探险家、地理学家，这位在华西边地以各种方式研究人与自然的学者于1936年去世。没有一个人在科学杂志上报道过他在这个地区最后一次伟大的科考。

叶长青出生于澳大利亚，祖籍苏格兰，早年在澳大利亚和新西兰的经历确立了叶长青生活的目标和工作的方向。在青年时代，叶长青似乎就对原始人群产生兴趣，周围的环境也给他发展这种兴趣的机会，探索之心让他永不停息。他总能看到别人没有注意到的东西或其中的重要含义，他所观察到的结果总能体现其思维的独特之处。叶长青一生通过观测和阅读所收集的奇特内容，具有广阔的时空跨度，仿佛万花筒一样闪烁不定、出人意料。在澳大利亚民间文学的基础上，他试图解开华西当地人生活的疑团，一部分波斯哲学和中国古典文学填补了其中缺失的部分。

叶长青于1898年到达中国，曾在沿海地区滞留一两年。义和团运动后，他来到四川，从此终生致力于川西和康区的研究。他把这里称为"莽荒边地"。他崇拜的偶像和英雄一直都是戴维·利维斯顿（David Livingston）[①]。作为学者，叶长青的目标是效仿他。在华的事业永远不会像在非洲那样让叶长青家乡的人感受到传奇，这让他十分失望。对他来说，学者的生活充满传奇色彩和探险机会，以至于其他职业显得枯燥乏味。

叶长青一直是个热忱的书籍推销者，而且每年都会分发两三千本书籍。

[①] 译者注：此人是英国19世纪维多利亚时代最有名的非洲探险家。

第七章　解读叶长青

为了实现这个目标,他尽可能地到各地游历,并乐于与深入藏区内部的商队进行联系。在这些分发书籍的工作和旅行中,他感受到传奇的韵味。夜晚与叶长青同坐在篝火旁,你会有如临仙境的感觉。或许你现在能与作者在某个遥远的寺院里,一起参观住在里面的"活佛"(Living Buddha)读《诗篇》(*Psalms*)第十九章。比起以前所有西方人的探险来说,参观活佛读《诗篇》这件事令人无法想象。叶长青从打箭炉与茶叶商队一起出发时,将书籍送给一位牦牛驭手,大约一年后,这本书到达遥远的寺院活佛手中。古代希伯来人《诗篇》作者的思想和语言的精美,以及神圣之处在藏区喇嘛的心中引起共鸣。我们看着他写下一封信,向远方的书籍捐献者询问能否得到更多这类文献。一年多后,这封信被设法送到打箭炉,牦牛商队再次启程深入藏区中心时,随队带着更多的西方书籍。此情此景如此真实,以至于叙述者向我们指出,他最终停止时,我们才会察觉周围闪烁的篝火和朦胧的白色帐篷。此情此景,我们将永远铭记于心,仿佛打开了一扇通向神奇之地的大门。

叶长青的一生充满传奇色彩。他乐于收集原始人群使用的石头工具,每当找到一个粗糙的石斧或石锤,他仿佛可以活在石器时代一样。打磨光滑的石头,后一个时期制作的短柄斧为人们重现石器时代人群的生活状况。叶长青永远不会满足于在华西发现原始人群踪迹的记载。事实上,他确实重新体验过那些远古时代的生活。他以当地的视角观看聚居地,将其视为自己的问题,并从原始人群的角度出发解决问题,而非仅用现代科学的方式。叶长青可能是第一个报道中国石器工具情况的人。他所到之处都发现过石器。在他之前或之后的其他人也走过同样的路线,却没有发现这些东西。生活对他们来说,并不具有叶长青式的传奇色彩。他们走在乡间,沿河前行,欢呼雀跃地顺坡而上,但对他们而言,生活就像它表现出来的一样。对叶长青来说,无论生活表面是多么令人神往,但令他更感兴趣的是隐藏在背后的东西。男士的衣服样式的确很漂亮,但对洞察力敏锐的人来说,它表明族群与遥远人群之间的关系。那他们是怎样分开并幸存下来的呢?这就是传奇。通过战争与和平,通过与自然不可抗力的斗争,通过与其他族群的联系,这些是形成今天族群的原因吗?这类故事中存在着传奇。

这一切贯穿叶长青的一生。他在所有的东西里都看到传奇的因素。汉区和藏区的地理特征将当地人的生活塑造成预料的样子,正如他们控制那些发源于中亚的大河的流向一样。与他们交往所使用的方言,揭示了当地人在族群、社会关系,以及人口变迁中的影响,这些东西刚开始并不明显。古代文献中，包含了许多可供调查之处。除了叶长青，还有谁能从神秘的藏传佛教真言"唵嘛呢叭咪吽"第二个单词的细微线索中提出摩尼教影响藏区的假设理论呢？除了叶长青，还有谁能再现保存在现代汉区房屋屋顶角落源自中亚的神圣牛角图案呢？他的一些理论可能过于想象化而不被一般人接受，但这一切都体现出传奇色彩。倘若没有传奇，这一切将不复存在。真相与传奇反复流传于民间，让普通人难以接受。

对叶长青来说，华西地区传奇的焦点是贡嘎山。它被冰雪覆盖的顶峰是一切最美丽最威严的象征，在纯洁的白色中，他看到中亚广泛存在的白石崇拜的源头。那些生活在藏区大雪山永存的美景范围内的人，理所当然地会像叶长青一样，将其视为值得崇拜的神圣象征。康区许多玛尼堆上都有白色的石头，而且"莽荒边地"的诸多地区都存在着白石崇拜的情况，因此，叶长青从中找出既合乎逻辑又充满传奇色彩的解释。

这样一位热情洋溢的学者，尤其是一位坚信印刷文字力量的人，希望在中文和藏文影响范围之外，进一步发挥西方文献的作用是自然而然的。因此，我们发现叶长青花费许多精力来研究他所钟爱的族群方言：嘉戎语。作为该卷杂志的补充，他出版了一本嘉戎语小词典，并坚持将其称为"单词表"。看似一本词典，实则充满传奇。这本词典在介绍中提到编辑的方法，你可以发现传奇之光是如何照亮其中的乏味之处，如何把欢乐带到这个艰巨的任务中的。

对叶长青来说，华西无比重要，保留下来的东西价值不菲，以至于他成了 1922 年华西边疆研究学会（West China Border Research Society）的主要发起人。那年，来自成都的一队学者在叶长青的带领下度过一个夏天，完成从灌县到打箭炉的一次艰苦旅程。旅程中，华西边疆研究学会得以建立，从此叶长青就成了其中最积极的成员。他是华西边疆研究学会第一位，而且在很长时间中也是唯一的一位名誉会员。1932 年，他成为学会第一位名誉主席，所有人都觉得这是一项值得高兴的任命。叶长青终生在位直到去世。自华西边疆研究学会成立以来，叶长青的研究文章主要发表在学会杂志上，这也是杂志中最引人注目的内容。他为学会和杂志的忠诚付出了巨大牺牲。作为一位皇家地理学会（Royal Geographical Society）的成员，他居住在为杂志供稿最有利的地区，其他人时常引用叶长青与华西有关的观点。叶长青力图使学会获得成功的决心，让他具有在一个蜚声国际的杂志上发表文章的资格。叶长青离开皇家亚洲学会华北分会（The North-China Branch of the Royal Asiatic Society），并竭尽全力为其热爱的华西边疆研究学会工作。他记载了华西边疆地区生活的许多细节,文笔简洁,堪称大作。无论是描写有争议的贡嘎山还是涉及康藏无人区的文章,都体现出传奇色彩。最近几年,由于缺乏叶长青的文章,《华西边疆研究学会杂志》的水平比以前低得多。杂志现在所取得的地位,很大程度上归功于这位名誉主席文章中所包含的大量引人入胜的内容。

作为外国学者,叶长青试图改变古代的制度和习俗,以便向众人播撒新生命和希望,但是他一直认为自己的工作具有传奇性,生活理应充满令人神往的冒险和故事。人永远不能只生活在冰冷的物质世界中。对他的朋友,特别是对那些与他一起到过康区高原的人来说,叶长青永远活在那些让生活充满乐趣和惊奇的事物中。

《华西边疆研究学会杂志》,第8卷,1936年

第二节 叶长青康藏人类学研究综述

申晓虎

一、历史回顾

自秦汉以来,中国西南边疆地区凭借其民族、文化多样性的特点,成为传统舆地学的关注对象。19世纪中后期,来华外国人开始以近代学科的方法对西南边疆展开研究,人员构成包括探险家、领事、植物学家、地理学家等,研究涉及社会、民族、文化、宗教、自然资源等诸多内容。其中,康藏地区成为关注的核心之一。

康藏地区(康区)包括今四川省甘孜州、阿坝州和凉山州一部分,西藏的昌都地区,青海省玉树州和云南省迪庆州一带[①],其间居住着藏、彝、羌等多个少数民族。我国自古就有关于康区的记载,例如《隋书》与《旧唐书》中就提到附国、东女等部族。清代也出现了关于康区社会的专著和地方志,如《镇抚事宜》《平定金川方略》《炉藏道里新编》《打箭炉厅志》等。近代以来,外国学者先于国人以现代人类学理论对康区进行研究,如巴伯

---

① 李绍明、任新建:《康巴学简论》,载《康定民族师范高等专科学校学报》,2006年第2期,第1页。

《金沙江：中国藏东地区的风情习俗》）、吕真达（《建昌罗罗》）和法国人多隆以及康慕伦等。

1905 年，英、美、加等五个差会在成都共创华西协合大学。1914 年和 1922 年，博物部和华西边疆研究学会，作为人类学研究机构相继设立。来自中国内地会的澳大利亚籍学者叶长青系学会首位荣誉主席，他长期驻守打箭炉（今康定），从事研究的 30 余年间多次前往康区各地游历考察，收集资料，书写论著，领域涉及人类学、宗教学、语言学、地理学等。在边疆研究学会早期，乃至西南人类学发展之初，叶长青发挥着至关重要的作用。他不仅引领康藏研究，协助学会成员开展调查，其研究成果还为后来者继承，为西南人类学的发展奠定了坚实的基础。叶长青的研究论著，反映出当时康藏社会各个层面的实际情况，同时呈现了西南人类学从早期到中期发展变化的清晰脉络。

叶长青 1872 年出生于澳大利亚西部，上小学前随家人移居新西兰边疆农场生活。青少年时期远离现代文明的边疆生活塑造了他强健的体魄、坚忍的意志和敏锐的观察力，同时还让他掌握了在艰苦环境下的生存能力。叶长青在边疆学校学习到 14 岁，后进入澳大利亚阿德莱德（Adelaide）的内地会培训之家（Missionary Training Home）学习。1898 年，他被中国内地会董事会派往中国。

1902 年 1 月 1 日，叶长青来到四川嘉定（今乐山），同年与托尼（Toyne）一起考察峨眉山、川西彝族地区和打箭炉一带。1903 年，叶长青前往理塘和巴塘考察。1905—1906 年，叶长青夫妇居住在成都，同时在彭山、眉山和双流一带巡回考察。1909 年，叶长青来到巴塘准备考察事宜，同时进行民族考察，因辛亥革命爆发，不得不离开康区。1914—1917 年，叶长青被派驻在岷江上游的威州，在此期间他进行对川西羌族的研究。同时，他再次前往巴塘考察。1919—1922 年，叶长青和夫人再次到灌县活动。1922 年夏，叶长青带领一队学者从灌县前往打箭炉考察，在此过程中，成立了华西边疆研究学会。作为学会的主要发起人之一，他在学会刊物《华西边疆研究学会杂志》上发表多篇涉及人族学、语言学、地理学等方面的文章。此后，叶长青便住在打箭炉，一直到 1936 年 3 月 23 日因病去世[①]。

叶长青自来华后，写作并出版 4 本学术专著及多篇论文。专著有：《神

---

① D. S. Dye, "James Huston Edgar, Pioneer", *Journal of the West China Border Research Society*, 1936, Vol. 8, p. 12.

秘之地》（Tibet: The Land of Mystery）、《澳洲迁徙的黑人》（Migrating Blacks of Australia）、《高海拔》（High Altitudes）以及《边地游记》（The Marches of the Mantze）。学术论文、报道、评论、游记及诗歌共150篇，发表于五本刊物。其中《地理杂志》（Geographic Journal）上有7篇，《皇家亚洲学会华北分会杂志》（Journal of the North-China Branch of the Royal Asiatic Society）上有9篇，《华西边疆研究学会杂志》上有67篇，《教务杂志》（Chinese Recorder）上有12篇，《华西教会新闻》（West China Missionary News）上面有55篇。文章数量多，内容覆盖面广，可谓近代华西研究之翘楚。这些文章或书籍，有不少涉及康藏地区藏族、彝族等少数民族，内容包括语言、宗教、习俗、政治、历史、考古、地理等方面。

二、叶长青康藏人类学研究的演变

叶长青来华的契机，始于中国内地会（China Inland Mission）（简称内地会）。该会于1865年由英国J. 戴德生（J. Taylor）所创。20世纪20年代以前，该会成员多招募自英、澳、加等国。内地会于19世纪末进驻成都后，以此为中心向周围地区开展考察。叶长青被派往成都，借机游历邻近的康区，收集当地手工制品，采访民众，汇集考察资料。

皇家亚洲学会华北分会是另一个对叶长青早期人类学研究产生重大影响的学会。该会由来华学者与英国皇家亚洲学会于1864年合并而成，同时发行学刊，开展对中国的研究。在1920年前，叶长青曾在该刊发表了3篇康区见闻。由于没有接受过人类学的系统训练，叶长青早期的作品多以地方见闻类的游记为主。叶长青随后成为皇家地理学会成员，并领导组建华西边疆研究学会，与部分专业人类学家共事，转向康藏社会的专题研究，学术风格逐渐形成。叶长青对康藏社会的研究，呈现出个人到组织，游记到人类学专题研究的演变历程。

（一）游记：他者视野下的康藏社会

清季以降，由于清政府加强对藏区的管辖，汉藏地区交往更为密切，涉藏公文、游记、志略大量出现，使得康藏社会逐渐为外人所知。鸦片战争后，西学东渐，以探险家、领事、学者为代表的部分外国人开始关注康藏地区，借机游历康区各地，并公开出版书籍或发表文章，向外界介绍亲身见闻，叶长青也是其中一位。在早期的记述中，叶长青记下所见的人文风俗的细节，所经山川溪流、云雾天气及当地的动植物。

1902年和1903年，叶长青相继游历打箭炉、巴塘、理塘一带，以亲身经历为准，写下《边地游记》一书。这是叶长青对康藏社会研究的第一部作品，不仅介绍康区的社会、经济、民族、文化、宗教等诸多内容，还对当时的汉藏关系、地缘政治、地理环境对社会形态与文化习俗的影响，以及如何开展研究事业进行解读，内容丰富且描写生动。

1. 对藏区交通的认识

作为日后在华西边疆研究中享有盛名的探险者，叶长青十分关注藏区交通。首先，他注意到当地的"乌拉"（ulag），即差役制度。

> 旅行者离开汉区进入藏区不久后，便会熟悉当地所谓的"乌拉"制度。"乌拉"是指为贵族、官员及僧侣提供的人身差役。获得道路附近的一片土地租种权的当地人，将义务承担从某个驿站到下一个驿站的运输任务。"乌拉"的控制权掌握在当地土司手中，他们在干道沿线合适的地点建设驿站，为运输提供核定数量的车马。"乌拉"制度本身在各地也不尽相同，运输工作通常由骡子、马、牛和牦牛来承担……所以工作通常由妇女和少女来做，有时儿童也被迫前来应差。

> 当地土司告知旅行者他们无权使用"乌拉"，但可以帮他找路上用的牲口，前提是费用自付。这位"不懂行情"的旅行者信以为真，于是欣然接受。旅行者很快就发现自己的钱跑进了土司的腰包，自己不得不完全依靠脾气暴躁的"乌拉"所有者。事先付过钱的旅行者理所当然地拒绝为一路上的花费买单，这样一来，他非但只得到了最差的脚力牲口，老是迟到，而且本人因"吝啬"在当地人中声名狼藉[1]。

叶长青不仅对藏区差役制度了如指掌，还提出其中存在的问题，并对差役制度的失败进行了分析。他认为，由于当权者的贪婪，汉藏官员的滥用，"乌拉"成为土司赚钱的工具，因此导致该制度在清末的失败。叶长青的观点已触及弊端的根源。清末康区"乌拉"制度中，差民所承担的义务与土地之间的不平衡状态日益严重，因而造成大量差民逃亡，躲避差役。赵尔丰改革，以土地大小与牲畜多少作为划分"乌拉"承担数量的标准，将差民分为人差、牛差和马差三等[2]，后因局势动荡，情况仍未转圜。民国初年，往来交通已陷入困境。后经刘文辉改革，稍有恢复。叶长青关于乌拉控制权的论

---

[1] J. H. Edgar, *The Marches of the Mantze*, London, China Inland Mission, 1908, pp. 2—3.
[2] 胡晓梅：《康区乌拉制度研究》，四川大学硕士论文，2003年，第19页。

断，源于1902—1903年的实地考察，至1909年2月赵尔丰实施乌拉制度改革伊始，控制权已逐渐由政府掌握。

对于乌拉制度中存在的弊端，其他来康区的考察者也有所察觉。20世纪20年代驻打箭炉的华西边疆研究学会成员R. 康宁汉（R. Cunningham）将原因错误地归结于"藏民大多无信义、迷信而无知"①，而叶长青并未对地方人群的品性轻易做出论断，这种风格一直延续到后来的研究。

值得注意的是，叶长青首次康区之旅发生于赵尔丰对乌拉制度改革之时，赵对所付费用有明确规定：每站使用者须付给背夫、汤打役每名给银1咀。此处"银"为藏洋，系1902年成都造币厂所铸。当时共铸三种币值，一元、半元和1咀，即四分之一元，并辅以铜币，1咀约合11枚面值为10的铜币②。在考察差役花费时，叶长青在文中仅使用"cash"（铜钱）一词标示费用，"除去政府允许的减免不谈，一天一夜每头牲口支付的费用是100~200元。当我们记清每一处使用的牲口数量，加上最便宜的草料及人工花费时，将2000元现金交给从'乌拉'站赶着9到10头牲口的几名小孩，这个价格还算公道"。③ 据此，叶长青可能用铜币作为支付货币，2000枚铜币约合18咀，共用10头牲口，每头每站1.8咀，对"老外"而言，价格的确公道。

2. 对环境与人群关系的认识

无论是早期游记还是后期专题研究，叶长青都非常关注地理环境与人群之间的关系。在书中，他不仅对地理与风俗的关系进行解读，还对打箭炉、巴塘与理塘进行描写，并对城市人居环境与疾病关系进行阐述。

> 每片可以耕种的土地都被利用起来，这是恶劣的生存环境给予当地人的巨大财富……根深蒂固的宗教信仰使当地人不喜欢外来的规矩，甚至拥有攻击性的、游牧式的习俗。他们以部落形式的政治架构，保留了母系氏族社会结构的痕迹。除此以外，喜爱装饰的习俗，独特的饮食习惯，无不体现着藏族的特色风情。
>
> 痢疾、斑疹伤寒是当地人面临的大问题，但人们只要注意饮水安全，这些问题就能得以改善。所有饮用水都引自巴塘河，通过灌溉水渠

---

① R. Cunningham, "Camping Out Among Tibetans", *China's Millions*, British ed, 1926, p. 73.
② 张策刚：《四川藏洋在中国银铸币中的历史地位》，载《中央民族学院学报》，1988年第2期，第5页。
③ J. H. Edgar, *The Marches of the Mantze*, London, China Inland Mission, 1908, p. 3.

到达居民区。巴塘地处肥料使用区的中心,从高处引来的水流经此地很快就被严重污染。某些"聪明人"还将引水渠修到街道旁,饮用水从早到晚流经于此,这无疑是雪上加霜了。当你看到的污秽垃圾成天污染饮用水时,当地人患痢疾、斑疹伤寒的原因就不言而喻了。①

叶长青20世纪初对康区的游历考察无疑出于自身的旨趣与准备工作的结合。这时,华西地区还没有中国籍学者参与现代学术意义的人类学研究,以研究人员身份来到华西参与考察的外国学者也寥寥无几。但叶长青的"孤军奋战"与"探险精神",逐渐激励更多的人参与其中,推动了日后华西边疆研究学会的成立。

(二) 大时代背景下的专题研究

20世纪二三十年代,国际国内形势的巨变导致中国民族主义情绪高涨。对作为"帝国主义代表"的西方学者而言,学术研究亦受冲击。1922年3月,华西边疆研究学会成立,其后几年间修改章程吸收中国籍会员加入,强调学会的世界性。在增加中国元素的同时,学会转变研究观念,倡导应用研究,扩大研究范围,不再仅限于对少数民族的研究,也关注汉族社会的文化习俗,以便更好地服务地方社会。叶长青作为首任名誉主席,加强了与其他学会会员的合作,其学术研究逐渐形成对宗教、地方治理、习俗、语言等专题的关注,其中以宗教与民族关系、民族交流的研究最为突出。

1. 宗教研究

叶长青对康藏地区宗教的考察涉及藏、羌等民族,研究体现出两个特点:第一,鲜明的语言学特色,即从语言入手,通过分析词语的"源"与"流",探寻宗教的传播与变迁。第二,将各个宗教视为不同的文化圈,研究比较其异同,分析不同宗教间的相互影响。

白石文化是藏族宗教文化的重要组成部分。白石的宗教角色在藏区大致分为土地神、农业神、保护神、长寿神等。叶长青在考察过程中记载并分析康区白石的分布、用途及包含的意义,比较不同地区间白石的异同。

叶长青在文中提到土地神与保护神的作用,这与他接触的多为嘉戎藏族有关。嘉戎方言中,白石称为"扎给尔"(土地神)②,房顶四角、窗台、墙

---

① J. H. Edgar, *The Marches of the Mantze*, London, China Inland Mission, 1908, pp. 31–32.

② 林继富:《藏族白石崇拜探微》,载《西藏研究》,1990年第1期,第139页。

第七章　解读叶长青

上、地上随处可见供奉的白石。而作为保护神的象征，以白石建成的玛尼堆也出现在山口、山顶道路旁边，护佑路人。叶长青在文中清晰认识到白石演化的进程，将之与山神崇拜联系起来，认识到白石崇拜是山神崇拜的变体，这与当下的观点是相符的。在《巴底、巴旺及非藏传佛教地区的白石崇拜》("Litholarty in Badi and Bawang, and Some Non-Lamaist Regions") 中，叶长青讨论了白石崇拜的含义，认为各个地区对白石崇拜的解释不一。他研究比较各个地区白石宗教意义的异同，并以白石为例，对不同宗教间的影响进行猜测。在巴旺一带，白石的含义就有好几种：护身符、山王菩萨（天菩萨）或纯洁之物。叶长青对丹巴地区的白石提出假设，认为它可能是"佛教传入前的中亚泛灵论的产物"[①]。

叶长青对藏传佛教的考察更多集中在对寺院建筑、信徒宗教行为的描写与分析，关注对宗教与社会、人群演变的认识。"（寺院中）大的转经筒上刻着许多经文，转动它们需要不小的气力。同样材料制成的较小的转经筒成排地立在寺院房檐及路边屋棚下；还有（信徒手中）独特而著名的转经筒，由皮革、黄铜或白银制成。上述三者只存在尺寸与摆放方式的差异。"[②] "寺院真实地展现人们在文化、物质和精神上的追求。寺院的节日庆典、盛会、体育和宗教仪式满足了没有受过多少教育的当地人的需求。"[③]

叶长青对宗教的研究体现出文化传播学的特色，即从语言学角度出发，通过词语分析考察宗教间的相互影响。在《藏传佛教中可能存在的摩尼教因素》("A Suspected Manicheistic Stratum in Lamaism") 一文中，叶长青因六字真言中的"嘛呢"（Mani）二字与摩尼教（Manicheism）名称中"Mani"相似，通过对比两种宗教教义的相似内容，大胆地猜测摩尼教与藏传佛教之间存在一定程度的联系[④]。同样的情况出现在对苯教的考察中。

当时来到康区考察的不少华西边疆研究学会的学者如 T. 徐丽生（T. Sorensen）、康宁汉、茂尔、A. J. 布礼士（A. J. Brace）和 D. L. 费尔朴（D. L. Phelps）等，都关注到作为藏族本土宗教的苯教。但叶长青是唯一

---

① J. H. Edgar, "Litholarty in Badi and Bawang, and Some Non-Lamaist Regions", *Chinese Record*, 1923, p. 229.

② J. H. Edgar, "Om Mani Pad Me Hum: A Tibetan Prayer", *Chinese Record*, 1917, p. 39.

③ J. H. Edgar, "The Racial Factor in the Kin Ch'wan Grouping", *Journal of the West China Border Research Society*, 1932, p. 35.

④ J. H. Edgar, "A Suspected Manicheistic Stratum in Lamaism", *Journal of the West China Border Research Society*, 1933, p. 6.

一位对苯教起源有所研究的学者。他认为，苯教与古代波斯有关，而苯教徒的名称"源自'Punya'，崇拜'g'yung drung'，即崇拜万字符（Swastika）的人"①。叶长青列出的证据是，苯教徒认为苯教源自"Tazing"，即 Stags Gzig，大食，古代波斯。叶长青对苯教起源的分析内容，有值得肯定的地方。苯教源自波斯的观点由来已久，苯教徒认为苯教经文经历了波斯文—象雄文—藏文的书写过程。20世纪50年代以后，部分藏学研究者们也逐渐开始用语音学方法对此问题展开讨论，如图齐、卡洛扬诺夫、克瓦尔内等。卡罗扬诺夫认为："在现代波斯语中，'bon'（苯）的意思是'根'……来自伊朗语'banu'。"② 此外，叶长青关于沃摩隆仁的猜想并非毫无依据，类似观点在学术界至今仍有较大争议。沃摩隆仁既表示辛饶弥吾诞生地，又表示苯教徒信仰的净土。"沃摩"一词指某个地点，"隆"指山谷，"仁"表示"长长的"，而"沃摩"是否就是"沃尔姆兹"这难以确定。从地理角度考证沃摩隆仁存在何处，目前尚无定论。苯教文献记载，沃摩隆仁位于冈底斯山前和玛旁湖附近。而"象雄之地分为门、里、中，所谓象雄里部指的是冈底斯山西边约有三月路程的麦萨的达斯"③。达斯写作"Stag gzig""Ta zig"或"Rtag gzigs"，即大食，古代波斯。据此，有观点认为沃摩隆仁存在于古代象雄或波斯。沃摩隆仁也可能仅是宗教体系中的一个臆造世界，或藏族先民对中亚历史地理的整体记忆与宗教教义结合的产物④。

叶长青的宗教比较研究，体现了开放的思维与严谨的治学风格。他的部分研究受到传播学派的影响，在研究康区时，并没有将其视为一个封闭的边疆，而是认识到该地区存在族群和宗教的多元性。同时，他也并没有像许多西方学者那样，以西方价值观作为判断的基点，将非西方的宗教视为偶像崇拜或迷信、异端，而是将各个不同的宗教视为不同的文化圈，相互之间存在交流与融合，此种融合还存在较大的时空跨度。

2. 地理与文化：中央与边疆、传统与现代

早在考察之初，叶长青就对清政府对康区的管理，汉藏之间的关系，表现出浓厚的兴趣。他最初从历史的角度对清政府与康区的关系进行解读，认

---

① J. H. Edgar, "Om Ma Dre Mu Ye Sa Le N'Dug", *Journal of the West China Border Research Society*, 1932, p. 39.
② 张云：《上古西藏与波斯文明》，北京：中国藏学出版社，2005年，第152页。
③ 《世界边中之概念（藏文）》，手抄本，第7页。
④ 才让太：《再探古老的象雄文明》，载《中国藏学》，2005年第1期，第30页。

第七章　解读叶长青

为"这片土地将继续成为困扰清政府的难题"①。1907 年，叶长青与茂尔从巴塘前往乡城，行程 240 公里，途中见闻发表于 1935 年《华西边疆研究学会杂志》。其中提到清末乡城桑披寺与赵尔丰之间的种种事件，并提出解决方法。他认为："这里没有多余的地方可供外人居住，出于各种原因，来此地的民众迫于环境的压力会与当地藏族妇女通婚，如此一来，就让所谓'融合政策'有了新的转变。当然，一般的观点认为喇嘛制度已经消亡。但那是昨天，可能明天过后，它又会焕发生机。乡城远离内地，明智的做法是先不要企图一开始就完全控制这个地区，应在政府的协助下，让友善的土司或喇嘛组成地方机构加以管理。"②

叶长青对"中央"与"边疆"关系的理解，一直坚持其所谓不带感情色彩、中立"自决"（self determination）的态度。"或许可以确定的是，今天世界没有哪一个民族是绝对'单一血统'的。汉藏双方亦是如此。这个通行原则只表明处于弱势的民族会被强势民族通过各种方式融合……上述事件的发生速度取决于诸多因素，特别是族群姻亲、地理位置以及民族理念。我们不想同情任何一方，只想分析这一进程。"③ 然而，叶长青对边疆的情愫无疑影响到他对不同文化传播进程中的价值取向，在"传统"与"现代"对话的处境下，叶长青更偏爱传统。"牧歌式的生活会不受影响吗？对金川的当地人来说，任何的防御措施、温和的政策或自然发生的意外，都能将金川人从现代世界的弗兰肯斯坦，即现代文明中解救出来吗？能把他们从惨无人道的劫数中解救出来吗？这种潜在的灭绝力量曾经淹没塔斯马尼亚人、查达姆岛人，就像发生在法国的穴居人和藏区旧石器时代的人群身上的事情一样。嘉戎似乎也无处可逃，他们必须面对社会进化这头怪兽。"④ 但是，在解读现代—中央与传统—地方之间张力的同时，叶长青的态度又是矛盾的。他不仅仅是人类学学者，还是中国内地会的成员。从机构活动实用角度出发，叶长青又受惠于代表现代力量的中央政权。"幸运的是，一半多的藏民不直接受拉萨僧侣的控制……在过去 25 年整个康区的旅行中，我们几乎很少受到

---

① J. H. Edgar, *The Marches of the Mantze*, London, China Inland Mission, 1908, p. 3.
② J. H. Edgar, "Hsiang Ch'eng, or Du Halde's 'Land of Lamas'", *Journal of the West China Border Research Society*, 1935, p. 20.
③ J. H. Edgar, "The Great Open Lands", *Journal of the West China Border Research Society*, 1930, p. 15.
④ J. H. Edgar, "Geographic Control and Human Reactions in Tibet", *Journal the West China Border Research Society*, 1924, p. 18.

攻击……总而言之，清政府为我们提供了广袤的工作地区。"① "简而言之，康区的团结稳定、欣欣向荣对周围的汉区和其他地区都是有利的。"② 这一认识与清政府对康区的政策是一致的。

同时，叶长青的研究体现了对地理控制影响人群的关注，他敏锐地洞察了山区、河谷和水流控制体系对人群的影响。他观察到人群、习俗，移民与自然力量之间，人类与诸多社会环境之间的张力；藏区聚居或散居的部落，人群间主从地位的演化。例如，叶长青认为："藏民们历来是牧民、农夫或商人。前两者彻底是山区地理因素的产物；后者则是藏传佛教发展的结果。"③ 正如华西协合大学创始人之一 D. S. 戴谦和（D. S. Dye）教授所言："地理不仅仅是地理，对叶长青来说，那意味着人群。"④

三、结语

叶长青的康藏人类学研究由游记向科学民族志的演化在某种程度上展现了华西人类学在 20 世纪初发展的全过程。叶长青的学术文章中大量出现诸如地理控制、气味、声音、浪漫、独特、手工制品、原始、高地等词汇，他又是首位在康区收集民间手工制品的人类学学者。值得注意的是，虽然没有受过专业的学术训练，但叶长青的研究取向与方法多多少少体现出文化传播学派的影响。尽管拥有西方学者的身份，叶长青在研究中大胆猜测，小心论证，较好地协调了两种身份的冲突，其结论几乎看不到西方中心主义的价值判断。

作为华西边疆研究学会的主要发起人之一，叶长青于 1936 年在打箭炉因病去世，这对面临快速发展的华西边疆研究学会而言无疑是一次沉重的打击。然而，学会对华西边疆的考察研究并未终结。D. C. 葛维汉（D. C. Graham）、李安宅等中外著名学者相继加入学会，将叶长青的康藏田野考察继续延续下去，同时学会与中华边疆服务部共同合作，扩展康藏地区的研究范围。

---

① J. H. Edgar, "The Great Open Lands", *Journal of the West China Border Research Society*, 1930, p. 21.

② J. H. Edgar, "Geographic Control and Human Reactions in Tibet", *Journal the West China Border Research Society*, 1924, p. 20.

③ J. H. Edgar, "Geographic Control and Human Reactions in Tibet", *Journal of the West China Border Research Society*, 1924, p. 19.

④ D. S. Dye, "James Huston Edgar, Pioneer", *Journal of the West China Border Research Society*, 1936, p. 18.

第七章 解读叶长青

另外,作为华西协合大学和华西边疆研究学会重要研究领域的民族语言研究,叶长青对此做出了巨大贡献,相继撰写了《藏语音调系统》《部分藏文音译表》等论文,还借助语言这项工具,探究民族史、宗教史、交通史及风俗史等,在国际学术界产生了广泛的影响。这一学脉也未中止,被语言学者闻宥等人继承。1940年,华西协合大学中国文化研究所刚成立,便创办了《华西协合大学中国文化研究所集刊》(以简称《集刊》),以闻宥、吕叔湘、L. G. 启真道(L. G. Kilborn)、韩儒林等组成编辑部,闻宥担任主任,同时吸收W. 傅吾康(W. Franke)、W. 福华德(W. Fuchs)、K. 秉格(K. Bunger)、I. 鲍克兰(I. Beauclair)、G. 马悦然(G. Malmovist)、今西春秋等汉学家加入其中。中国文化研究所以《集刊》为平台,以民族语言学研究为重点,对白、彝、羌、撒尼(后划入彝族)、纳西、藏和蒙古等少数民族的语言及文字进行深入细致的探究。《集刊》等书刊发行后,《华西边疆研究学会杂志》论文的范围便集中于医学、生物等领域,每卷除一两篇人文科学论文外,主要刊载有关医学、地理或生物等学科的论文,这是该刊培植提升国籍学人、实现替代的必然成果。

叶长青在康藏地区从事人类学研究时,正值"华西学派"的萌芽或初创阶段。他的研究为华西学派的形成与发展做出了不可估量的贡献。尽管1952年以后华西学派淡出中国学术界,但今天的西南人类学研究或多或少都受其影响。无论是学术史的书写,还是人类学未来的展望,都应置于此历史脉络下来考虑。

主要参考文献

[1] 刘昫. 旧唐书 [M]. 北京：中华书局，1975.

[2] 四川省民族研究所. 清末川滇边务档案史料 [M]. 北京：中华书局，1989.

[3] 吴丰培. 赵尔丰川边奏牍 [M]. 成都：四川民族出版社，1984.

[4] D. S. Dye. James Huston Edgar, Pioneer [J]. *Journal of the West China Border Research Society*，1936（8）.

[5] J. H. Edgar. Litholatry in Badi and Bawang, and Some Non-Lamaist Regions [J]. *Chinese Record*，1923（45）.

[6] J. H. Edgar. The Racial Factor in the Kin Ch'wan Grouping [J]. *Journal of the West China Border Research Society*，1932（5）.

[7] J. H. Edgar. A Suspected Manicheistic Stratum in Lamaism [J]. *Journal of the West China Border Research Society*，1933－1934（6）.

[8] J. H. Edgar. *The Marches of the Mantze* [M]. London：China Inland Mission，1908.

[9] R. Cunningham. Camping Out Among Tibetans [J]. *China's Millions*，British ed，1926（5）.

[10] R. Cunningham. Origins in Lamaism and Lamaland [J]. *Journal of the West China Border Research Society*，1938（10）.

后　记

　　叶长青作品的翻译，是本人在西南民族大学民族研究院攻读硕士，和在四川大学道教与宗教研究所攻读博士时完成的。我的硕士导师，西南民族大学的秦和平教授，将我带入华西人类学研究的领域，并提供了书中部分注释材料。我的博士导师，四川大学的陈建明教授，为我研究叶长青提供了诸多思路。特别感谢兰州大学的阿旺加措教授，他为书中的诸多藏文内容提供了翻译，还要感谢四川大学出版社陈克坚老师的悉心指导，使本书能够顺利出版。曲靖师范学院人文学院的杨娜为本书的校订提供了很多帮助。

申晓虎

2019 年 1 月 3 日